Make: LEARN ELECTRONICS WITH ARDUINO

U0336155

零基础学电子与 Arduino

给编程新手的开发板入门指南（全彩图解）

[美] 乔迪·卡尔金（Jody Culkin）
埃里克·哈根（Eric Hagan） 著

刘端阳 王学昭 曲岩 等译

人 民 邮 电 出 版 社
北 京

图书在版编目（CIP）数据

零基础学电子与Arduino：给编程新手的开发板入门
指南：全彩图解 /（美）乔迪·卡尔金（Jody Culkin），
（美）埃里克·哈根（Eric Hagan）著；刘端阳等译. --
北京：人民邮电出版社，2019.8
（爱上制作）
ISBN 978-7-115-50867-6

Ⅰ. ①零… Ⅱ. ①乔… ②埃… ③刘… Ⅲ. ①单片微
型计算机－程序设计 Ⅳ. ①TP368.1

中国版本图书馆CIP数据核字(2019)第125056号

版权声明

内 容 提 要

本书是一本面向初学者的 Arduino 与电子制作入门指南。通过对本书的学习，你将快速掌握 Arduino 的基础与应用，同时学到很多电子电路相关的知识，以及编程方面的知识。本书图文并茂，内容循序渐进，即使你没有任何电学与编程基础，也能轻松入门。

◆ 著　　　[美] 乔迪·卡尔金（Jody Culkin）
　　　　　[美] 埃里克·哈根（Eric Hagan）

　　译　　　刘端阳　王学昭　曲岩　等
　　责任编辑　魏勇俊
　　责任印制　彭志环

◆ 人民邮电出版社出版发行　　　北京市丰台区成寿寺路 11 号
　　邮编　100164　　电子邮件　315@ptpress.com.cn
　　网址　http://www.ptpress.com.cn
　　北京瑞禾彩色印刷有限公司印刷

◆ 开本：800×1000　1/16
　　印张：16.25　　　　　　　　　　2019 年 8 月第 1 版
　　字数：416 千字　　　　　　　　2019 年 8 月北京第 1 次印刷
　　著作权合同登记号　　图字：01-2017-9198 号

定价：109.00 元
读者服务热线：(010)81055493　印装质量热线：(010)81055316
反盗版热线：(010)81055315
广告经营许可证：京东工商广登字 20170147 号

致 敬

　　将本书献给学生们，无论是过去、现在还是未来，学生的好奇心都驱使着他们，同时也激励着我们。

目　录

致　谢 ··· VIII

关于作者 ·· IX

前　言 ··· X

第 1 章　**Arduino 概论** ··· 1

1.1 物理计算 ·· 2

1.2 原型 ··· 2

1.3 需要什么？如何获得？ ··· 3

1.4 零件和工具 ·· 3

1.5 购买渠道 ··· 9

1.6 总结 ·· 10

第 2 章　**你的 Arduino** ··· 11

2.1 Arduino 的零件 ··· 11

2.2 将 Arduino 连接到计算机 ··· 14

2.3 零件和工具 ··· 17

2.4 总结 ·· 20

第 3 章　**认识电路** ··· 21

3.1 电路：电子学的基础构件 ·· 21

3.2 电路图 ·· 24

3.3 使用面包板 ··· 28

3.4 制作电路 ··· 32

3.5 电池 ·· 36

3.6 电路的动力：电 ··· 37

3.7 调试电路 ··· 39

3.8 万用表 ·· 41

3.9 万用表的使用 ·· 44

3.10 继续调试我们的电路 ·· 47

3.11 总结 ·· 48

第 4 章　Arduino 编程 ··· 49

4.1 Arduino、电路、代码：一起工作 ······································ 49

4.2 什么是 IDE？ ·· 50

4.3 Arduino IDE 下载：入门 ·· 52

4.4 程序：Arduino 编程的基本组成 ·· 61

4.5 调试：如果 LED 没有闪烁，该怎么办？ ······························ 65

4.6 LEA4_Blink 程序：概述 ··· 67

4.7 setup() 和 loop()：代码的核心 ··· 69

4.8 loop()：什么会反复发生 ··· 74

4.9 Arduino 电路图 ··· 78

4.10 构建基本电路 ·· 80

4.11 SOS 信号灯：创建更复杂的定时 ······································· 86

4.12 总结 ·· 92

第 5 章　电学和测量 ··· 93

5.1 对电学的初步了解 ·· 93

5.2 逐步构建电路 ··· 94

5.3 电流：概述 ·· 98

5.4 理解电子学：水箱类比法 ·· 100

5.5 电压：电势 ··· 101

5.6 电流：流程 ··· 109

5.7 电阻：限流 ··· 114

5.8 电压、电流、电阻：回顾 ·· 118

5.9 并联和串联电路中的元器件 ·· 122

5.10 总结 ··· 130

第 6 章　开关、LED 及其他 ··· 131

6.1 交互性 ··· 131

6.2 概述：数字化的输入与输出 ·· 132

6.3 数字化输入：增加一个按钮 ……………………………………………………… 134

6.4 开关：多种变量 …………………………………………………………………… 141

6.5 数字输入课程 ……………………………………………………………………… 145

6.6 看程序：条件语句 ………………………………………………………………… 146

6.7 添加一个扬声器并调整代码 ……………………………………………………… 150

6.8 再添加两个按钮并调整代码 ……………………………………………………… 155

6.9 复习电学和代码概念 ……………………………………………………………… 161

6.10 总结 ……………………………………………………………………………… 163

第 7 章　模拟值 ……………………………………………………………………… 165

7.1 生活的意义不仅仅是打开和关闭! ……………………………………………… 165

7.2 逐步创建电位器电路 ……………………………………………………………… 168

7.3 LEA7_AnalogInOutSerial 程序 …………………………………………………… 174

7.4 模拟输入：来自电位器的值 ……………………………………………………… 178

7.5 输出的模拟值：PWM ……………………………………………………………… 182

7.6 串行通信 …………………………………………………………………………… 185

7.7 添加扬声器 ………………………………………………………………………… 191

7.8 添加光敏电阻 ……………………………………………………………………… 193

7.9 总结 ………………………………………………………………………………… 199

第 8 章　伺服电机 …………………………………………………………………… 201

8.1 舞动旗帜 …………………………………………………………………………… 202

8.2 详细了解伺服电机 ………………………………………………………………… 203

8.3 逐步构建伺服电机电路 …………………………………………………………… 206

8.4 LEA8_Sweep 程序概述 …………………………………………………………… 210

8.5 for 循环是什么? …………………………………………………………………… 213

8.6 运算符 ……………………………………………………………………………… 216

8.7 程序中的 for 循环 ………………………………………………………………… 217

8.8 增加交互性：转动旗子 …………………………………………………………… 218

8.9 LEA8_Knob 说明 …………………………………………………………………… 221

8.10 两面旗子：增加一个伺服电机 ………………………………………………… 222

8.11 初步了解 LEA8_2_servos ……………………………………………………… 224

8.12 总结 ……………………………………………………………………………… 232

第 9 章　**创建自己的项目** ·· 233

　9.1 项目管理 ··· 233

　9.2 一些有用的组件 ··· 235

　9.3 项目类型 ··· 238

　9.4 其他版本 Arduino 开发板 ·· 240

　9.5 记录下你的项目，然后和别人分享吧! ·· 243

　9.6 总结 ··· 244

附录 A　读取电阻阻值 ··· 245

致　谢

　　没有大家的帮助，本书不可能出版，在此无法一一致谢。但是要特别感谢我们的技术编辑 Anna Pinkas，感谢她对本书孜孜不倦、细致周密地复审。同样感谢技术编辑 Michael Colombo 和 Sharon Cichelli 对前一版本的贡献。本书从开始编辑到出版的整个过程，离不开出版人兼编辑 Roger Stewart 的大力支持和帮助。一直很高兴可以和来自 Happen stance Type-O-Rama 公司的生产小组一起工作，尤其是 Liz Welch 和 Maureen Forys。我们是在纽约大学的交互通信编程课上相遇的，一直对 Tom Igoe 心存感激之情，因为他建议我们合作完成一个项目。事实上，我们更要感谢交互通信编程课的所有教师和员工，尤其是 Dan O' Sullivan 和 Marianne Petit。

　　Eric 想要感谢他的妻子 Marie 的鼎力相助，没有 Marie 的帮助，不可能写出这本书。Eric 还想要感谢他的父母 David 和 Tracey 对他工作的信任。

　　Jody 想要感谢她的丈夫 Calvin Reid，感谢他相信自己的妻子可以做成任何事，同时尽其所能去帮她实现目标。Jody 还想要向她的父母 Florence 和 Hosmoer Culkin 致谢，他们将会对自己的女儿已经合著了一本科技类的书籍感到惊讶和骄傲。

关于作者

Jody Culkin 是一位艺术家兼老师。她在全世界很多美术馆和博物馆展出了自己的雕塑、摄影作品以及装置艺术作品。2017 年，Sean Ragan 为 Maker Media 公司写了一本书，该书中文版名为《零基础学电子：面包板手册（全彩奇趣版）》，Jody Culkin 为这本书绘制了插图。她的漫画 *Arduino!* 已经被翻译成了 12 种语言。她还收到了美国国家科学基金会、纽约州艺术委员会，以及其他组织授予的奖项和补助金。目前她是纽约市立大学曼哈顿社区学院媒体艺术与技术部的教授。她有哈佛大学视觉研究的学士学位，获得了纽约大学交互通信课程的硕士学位。

Eric Hagan 是纽约道夫地区的动态交互艺术家兼教授。他为很多出版物写过文章，包括 *Make* 和 *Popular Science*。他还参与了几个围绕纽约市开展的艺术装置项目，包括第五大街的年度假期展示窗口以及 Kara Walker 的"A Subtlety"展览。目前他是纽约州立大学古西堡分校视觉艺术部的助理教授。他拥有杜克大学哲学专业的学士学位以及纽约大学交互通信课程的硕士学位。Eric 喜欢在纽约市创客节展示自己的作品。

前 言

　　本书面向初学者，可作为电子以及 Arduino 的入门书籍。即使你之前没有电子学方面和编程方面的基础，也能读懂本书，并从书中学到很多电子学知识和编程知识。当你学完本书之后，还能够把它作为电子技术基础以及 Arduino 编程的参考资料。

　　本书应该作为创建项目的起点。当阅读完本书并且完成了书上所有项目后，你应该可以具备自主研发项目的能力。本书还没有涵盖 Arduino 能够做的所有的事情，但是已经引领你进入自主探索的道路了。

　　本书中使用的大部分程序都是从 Arduino IDE 上面摘取的示例。其他的程序可以在 GitHub 官网获取（进入 GitHub 官网，搜索 arduinotogo/LEA）。

　　另外需要注意的是，由于本书是引进版图书，书中很多电路符号和标准保留原版书的样式，与国内的电路符号和标准可能会有差异，特此说明！

第 1 章　Arduino 概论

1

或许你曾在当地零售商处看到过 Arduino；或许从购买过的朋友那里听说过 Arduino；或只是因为在网上看到过一个很酷的设计，从而对 Arduino 产生了兴趣。什么是 Arduino？简单地说，Arduino 就是一个注重与外部世界互动的、物美价廉的小型简易计算机（见图 1.1）。

你所熟悉的绝大多数计算机都是通过键盘、鼠标、触摸屏或触控板来进行控制操作的。而 Arduino 可以通过传感器来获取外界信息，Arduino 传感器可测量温度、光线和声音的强度，甚至可以测量脚步对地面造成的振动，然后将测量到的数据转换为动作、声音、光线等。

图 1.1　Arduino 图标

Arduino 最初是由教师开发的，目的是帮助其设计系的学生创造出交互式对象和环境。Arduino 自 2005 年发行以来，已销售出 100 多万件。设计师、教育家、工程师、业余爱好者和学生们已创建出各种各样的能通过 Arduino 感知和回应世界的项目。

Arduino 有很多版本，每一版都有其特定功能。图 1.2 展示了一些 Arduino 样板。

作者本着 Arduino 的团队精神，为不了解编程或电子元器件的初学者编写了本书。本书将向你展示如何充分运用好 Arduino。如果你动手能力强，且热爱学习，那么本书就非常适合你。

Arduino Uno

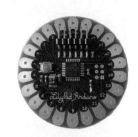
Arduino Lilypad

Arduino 101

Arduino YÚN

图 1.2 不同功能版本的 Arduino

1.1 物理计算

如何理解用 Arduino 构建物理计算项目？物理计算是指利用诸如传感器、转换器这类的输入端从外界获取信息，再利用某种类型的输出端回应这些信息。物理计算可以像在黑暗的房间里打开 LED 那么简单，也可以像能对房间内的人的位置做出反应的声光系统一样复杂。Arduino 可以充当这类系统的"大脑"，处理输入的信息以及回应输出。

Arduino 是开源硬件运动的一部分。想一想这意味着什么。

什么是开源硬件运动？

官方网站将 Arduino 定义为一种开源电子成型平台。在开源硬件运动中，技术人员分享硬件和软件，以此推动新项目和新想法的发展。 源设计以可修改的格式共享，并尽可能使用易获得的材料和开源工具来创造设计。

通过鼓励分享资源，开源硬件运动推动新项目和新设计的发展。开源项目强调文档编制和共享的重要性，使整个用户区成为初学者的重要学习资源。

1.2 原型

Arduino 是一种原型平台。什么是原型？原型可用作为系统建立模型。从最初的程序到详细的计划再

零基础学电子与Arduino：给编程新手的开发板入门指南（全彩图解）

到一系列的改进都会涉及原型，最后构建出一个可复制的、功能完整的模型。也就是说原型可以一次性地快速测试脑海中的想法。

1.3 需要什么？如何获得？

Arduino 有多种版本，自 2005 年以来一直在不断演变发展。本书主要以 Arduino Uno 为例，若你的 Arduino 看起来和图 1.3 所示的 Arduino Uno 很不一样，也不用感到疑惑，这是因为本书简化了绘图以便于讲解相关部件。Arduino 是开源式的，所以你也可以购买一个其他品牌的主板。本书主要讨论 Arduino Uno 和与其兼容的主板。

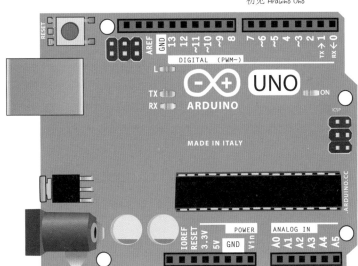

图 1.3　Arduino Uno

1.4 零件和工具

在使用 Arduino 构建项目时，同样也需要一些额外的电子元器件和工具。以下就是完成本书项目所需购买的零件清单。同时本书会详细阐述这些零件的细节及其在项目构建中的作用。

零件清单

- 面包板
- USB A–B 型连接线
- 9V 电池
- 9 ~ 12V 电源
- 9V 电池盒或电池座
- 多色组合 LED

- 组合电阻
- 10kΩ 电位器
- 3 个瞬时开关 / 按钮
- 光敏电阻
- 8Ω 扬声器
- 2 个伺服电机
- 跳线

图 1.4 ~ 图 1.16 展示了这些零件的外观，并附有简要描述。电子零件是电子电路的组成部分，所以通常也称之为元器件。第 3 章 "了解电路" 将对电路做详细阐述。

图 1.4 所示的面包板通常用于快速构建和检测电路。

图 1.5 所示的 USB A–B 型连接线用于将 Arduino 连接到计算机以便编程，同时还能给 Arduino 供电。

图 1.6 所示的 9V 电池可以为没有连接计算机的 Arduino 供电。

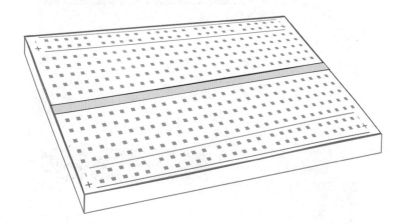

图 1.4　面包板

图 1.5　USB A-B 型连接线

图 1.6　9V 电池

图 1.7 所示的电池扣用于连接电池和面包板。

图 1.7　电池扣

图 1.8 所示的电源适配器用于为没有连接到计算机的 Arduino 供电。

图 1.9 所示的 LED，正向通电时可发光。

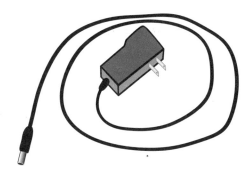

图 1.8　电源适配器

图 1.9　LED

图 1.10 所示的电阻用于限制电路中的电流大小。

图 1.11 所示的瞬时按钮用于连接或断开电路。

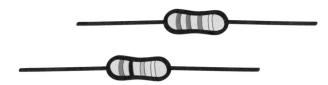

图 1.10　电阻

图 1.11　瞬时按钮

图 1.12 所示的电位器是一种可变电阻。

图 1.13 所示的光敏电阻可在不同强度的光线下改变其电阻。

图 1.14 所示的 8Ω 扬声器，可用于播放声音信号。

图 1.15 所示的伺服电机是一种很容易控制的普通电机。

图 1.16 所示的跳线用于连接面包板中的各个元器件。可以在商店购买这些跳线，也可以用剥线钳自己动手做。

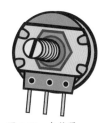

图 1.12　电位器

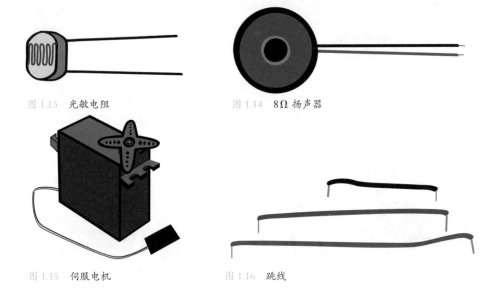

图 1.13　光敏电阻　　　　　图 1.14　8Ω 扬声器

图 1.15　伺服电机　　　　　图 1.16　跳线

关于 LED 的提示

LED 有多种颜色、款式及规格。本书将在许多项目中使用 LED，LED 能以一种更为直观的方式帮助你了解电子元器件及 Arduino 的基本概念。

关于 LED 要记住的一件重要事情就是，由于 LED 有两极，因此必须正确放置两极的方向，LED 才能正常运作。如果方向不对，LED 则不会发亮。如何确定 LED 的正确连接方向呢？LED 有两个引脚，或者两根导线，长度不同，如图 1.17 所示。长的那端为阳极（正极），用于连接电源；短的那端为阴极（负极），指向远离电源的方向。当开始构建电路时，本书会指明如何放置这些 LED，并将时常提醒 LED 的极性。

> **注意** 如果放置的方向不对，LED则不会发光，但也不会对项目造成任何危害。

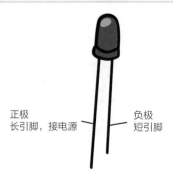

正极　　　　　　　　　　　负极
长引脚，接电源　　　　　　短引脚

图 1.17　LED 的阳极（正极）和阴极（负极）

如果所用的 LED 产品导线长度相同呢？在大多数 LED 中都有灯泡，透过灯泡可以看到连接到灯泡底部更为平坦的一侧的导线为阴极，即负极。接下来看看项目所需的一些工具。

工具

万用表会告诉你电路中所有需要知道的电特性，这些电特性我们通过肉眼是不可见的。本书将在第 3 章展示如何使用万用表。

我们可从网上购买图 1.18 所示的万用表，也可以购买自己喜欢的。确保所选的万用表是数字的，有可移动的探针，并装有保险丝。

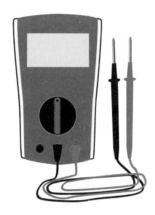

图 1.18　万用表

尖嘴钳如图 1.19 所示，当你想改变电路时，可以用它方便地将电子元器件从面包板上拆卸下来。同时，在获取小的电子元器件时尖嘴钳也很有用。

图 1.20 所示的剥线钳用来剥下不同尺寸导线外层的塑料绝缘层。你也可以用剥线钳剪切任意长度的导线。这些工具都会使你的工作更加顺畅。

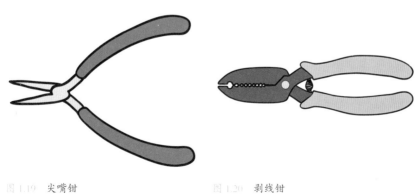

图 1.19　尖嘴钳　　　　　　　图 1.20　剥线钳

与工具相关的一个词语：电烙铁

你也许很熟悉电烙铁以及其在电路组装中的作用。本书中电路的所有连接都是用面包板完成的。也就是说你不需要购买或学习如何使用电烙铁来完成本书中的项目。

问题

问：电烙铁有什么用途？

答：电烙铁用于熔化导电材料（"焊料"），以组合、永久固定电子元器件。这个过程叫作焊接。

问：为什么不在本书中讲解焊接？

答：焊接是一项很有用的技能，但本书主要讲解基本概念，没有电烙铁也可以制造出功能齐全的电路。

问：清单列出了很多零件，图片看起来也很详细，但是真的需要购买清单上的所有零件吗？

答：还有更多这样详细的图片！在构建本书中的项目时将用到所有这些零件，但很多零件都可以循环利用，本书将在使用这些零件时解释其功能。

问：我的朋友/兄弟/父母/老师给了我一个更新/更旧版本的Arduino。必须使用Arduino Uno来完成这些项目吗？

答：好问题。你的Arduino可能也适用于本书中的项目，但是Arduino的编程和功能都会随着时间的推移而发生变化，并且版本不同，其编程和功能也不同。本书中的所有例子都使用Arduino Uno进行测试。

问：我不清楚或不知道如何使用本书所展示的工具或电子元器件，还有别的书适合我吗？

答：不！这本书正适合。接下来的章节将详细介绍如何使用清单中的所有电子元器件和工具。坐好，继续阅读。

问：我附近没有任何地方可以购买到这些电子元器件，能给我推荐一些可以买到这些电子元器件的网址吗？

答：好问题！准备好进入下一部分。

1.5 购买渠道

有许多销售商出售本书项目所需的元器件。下面是一些销售商的网站，也许在你的家附近也有实体店或其他购买渠道。（注：以下所列均为国外的购物网站，国内玩家也可在国内购物网站上搜索购买。）

创客棚屋 (makershed)

主要销售工具包和其他单个 Arudino 元器件。

娱创电子 (sparkfun)

各式各样的传感器和分线板、经典 Arduino 以及其自制 Arduino。

阿德弗利特工业公司 (adafruit)

Arduino、分线板、传感器以及电子元器件。

Jameco 电子 (jameco)

大多数电子元器件，各式各样的按钮及开关。

贸泽电子公司 (mouser)

一些 Arduino, 各式各样的电子元器件、传感器以及其他部件。

得捷电子 (digikey)

非常适合订购电子元器件、芯片等。

微中心 (microcenter)

电子元器件及 Arduino，既有网站，也有实体店。

工具包

工具包可在上面所提到的销售商处购买。工具包里有构建项目所需的绝大部分元器件。每一章都会详细回顾项目构建所需的元器件。下面是一些不错的工具包，你也许还会发现更多。

　▨　由 Arduino 开发团队开发的工具包（进入 Arduino 官网—STORE—ARDUINO—KITS—Arduino Starter Kit Multilanguage），可以从许多销售商处购买。

　▨　创客棚屋所销售的工具包（进入 Maker Shed 官网—SHOP—Arduino—Make：Getting Started with Arduino Kit）。

▨　阿德弗利特工业公司也有几种类型的工具包（进入 Adafruit 官网—搜索 Budget Pack for Metro 328—with Assembled Metro ATmega328P）。

1.6 总结

　　本章内容主要是为如何使用 Arduino 进行铺垫。本章已介绍了如何获得所需的零件，如何辨别各式各样的元器件和工具，以及开源硬件运动的相关内容。本书的下一章将更详细地介绍 Arduino Uno，并讲解如何将其连接到计算机上。

零基础学电子与Arduino：给编程新手的开发板入门指南（全彩图解）

第 2 章 你的 Arduino

2

既然你已经拥有了 Arduino 以及相应的零件和工具，接下来就对它们进行更加深入的了解。Arduino 可以解决日常交互的需要。本章将介绍 Arduino 的相应零件以及将这些零件连接到计算机和电源上的方法。本书也将会对电子元器件进行拆分并分类，你可以通过网站以及数据表更细致地学习这些元器件。

2.1 Arduino 的零件

首先看一下开发板上标记部分的零件，如图 2.1 所示。

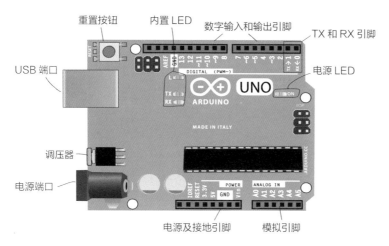

图 2.1　Arduino Uno

本书将逐一拆分并细节性地展示 Arduino 开发板，这样你就可以看到在 Arduino 上所有重要零件的位置。

Arduino 细节

先来了解一下 Arduino 开发板上到底有什么。因为有多种不同风格的开发板，所以你的开发板可能会略有不同。图 2.1 所示的图解信息是基于 Arduino Uno R3。首先来了解一下开发板左侧的重置按钮、USB 端口、调压器以及电源端口（见图 2.2）。

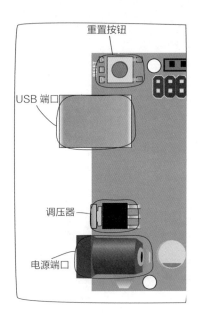

图 2.2　Arduino Uno 开发板左侧零件

重置按钮

与重启计算机类似，Arduino 中出现的一些问题也可以通过按重置按钮（reset button）得到解决。这个按钮将重启 Arduino 上正在上传的代码。虽然图 2.2 所示的重置按钮在不同的开发板中的位置会有不同，但它们的功能是唯一的，且一个 Arduino 开发板上只有一个重置按钮。

USB 端口

USB 端口使用标准的 USB A-B 型连接线，常见于打印机以及其他计算机外部设备。USB 连接线有两个用途：其一，它可以连接 Arduino 与计算机；其二，USB 连接线可在不使用电源端口的情况下为 Arduino 供电。

调压器

调压器将输入到电源端口的功率转换成 Arduino 的标准使用功率（即 5V/1A）。要小心，该零件工作时温度非常高。

电源端口

电源端口包含一个桶式连接器，这个桶式连接器可以直接连接墙壁电源或者电池电源。这个电源可以代替 USB 连接线。Arduino 直流电压的安全范围在 0 ~ 5V 之间，但是若连接的电源电压超过这个范围将会对开发板造成损毁。

接下来了解一下开发板右侧的零件（见图 2.3），其中包含开发板的数字、模拟、电源引脚以及该开发板的实际芯片等。

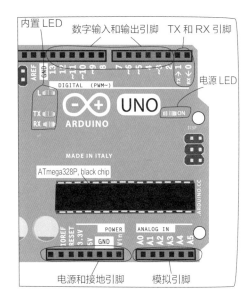

图 2.3　Arduino Uno 开发板的右侧零件

内置 LED

标有 TX 和 RX 的 LED 闪烁时表示 Arduino 正在发送或接收数据。标有 L 的 LED 是连接到引脚 13 的。

电源 LED

电源 LED 亮起时代表 Arduino 在工作中。

数字输入和输出引脚

在开发板这一侧的引脚被称为数字输入和输出引脚。它们的作用是对内感知外界的输入（输入引脚）以及对外控制灯、声音和电机（输出引脚）。

TX 和 RX 引脚

在数字输入输出引脚中，引脚 0 和引脚 1 是特殊的引脚。本书稍后将会对此进行更加详尽的说明，但是最好先不要使用这两个引脚。如果使用引脚 0，那么将无法加载程序。

ATmega328P，black chip

开发板中央的黑色芯片是 ATmega328P。这是 Arduino 的"大脑"，它可以传译 Arduino 的输入和输出以及上传程序代码到 Arduino。在创建项目时，开发板上的其他芯片能够与该芯片进行通信。

电源及接地引脚

与电源相关的引脚安装在此处。你可以使用这些引脚直接从 Arduino 给面包板供电。

模拟引脚

这些引脚获取一定范围内的传感器读数，而不仅仅是发送打开或关闭（数字）。

现在将 Arduino 连接到计算机。目前我们还不会对它进行编程，但是这将有助于了解如何通过 USB 连接线将 Arduino 连接到计算机上。

2.2 将 Arduino 连接到计算机

这项操作需要 USB A-B 型连接线、计算机以及 Arduino Uno。 如果计算机是新版 MacBook，可能还需要一个 USB-C-USB 的适配器。

首先，如图 2.4 所示将 USB 连接线插入计算机上的一个 USB 端口。任何端口都是可用的，如图 2.5 所示，这样插上去就可以了。

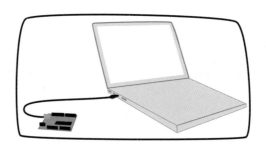

图 2.4　将 Arduino 连接到计算机

图 2.5　特写 USB 端口

现在你已经将 USB 连接线的一端连接到计算机上了，再将 USB 连接线的另一端插入 Arduino 的 USB 端口。Arduino 的 USB 端口如图 2.6 所示。

零基础学电子与Arduino：给编程新手的开发板入门指南（全彩图解）

图 2.6　Arduino 的 USB 端口

USB A-B 型连接线以及 Arduino 的 USB 端口的俯视图如图 2.7 所示。

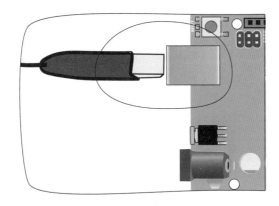

图 2.7　USB A-B 型连接线以及 Arduino 的 USB 端口的俯视图

当 Arduino 连接到计算机，并且计算机正常开启时会发生什么？标有"ON（开）"的电源 LED 应亮起。如果这是首次连接，那么 Arduino 上靠近引脚 13 的 LED 将会不断闪烁，如图 2.8 所示。

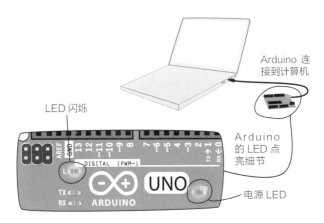

图 2.8　当 Arduino 从计算机获得电源时，电源 LED 将亮起

你可以使用计算机通过USB端口为Arduino供电，也可以使用供电设备通过电源端口为Arduino供电。

注意 Arduino可以切断USB端口或者电源端口的电源。

通过供电设备为 Arduino 供电

你需要一个电压在 9 ~ 12 V 的直流供电设备和 Arduino。首先需要拔掉 USB 连接线，拔掉后 Arduino 将完全断电。图2.9 显示的是 Arduino 的电源端口。

警告 任何时候做出任何更改时，都需要将Arduino的电源断开！

电源端口

图 2.9　Arduino 的电源端口

连接供电设备到 Arduino 电源端口（见图 2.10)。

电源端口

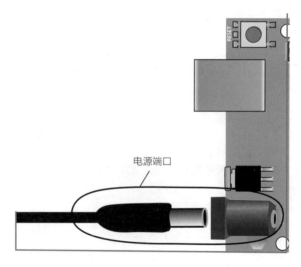

图 2.10　Arduino 电源端口俯视图

接下来，将供电设备插入电源保护器，然后接入壁式插座，如图 2.11 所示。

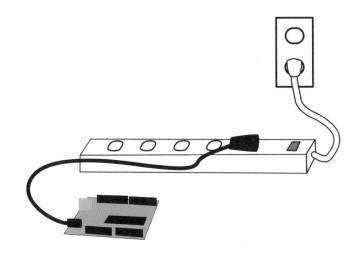

图 2.11 将供电设备插入电源保护器

此时会发生什么呢？与用 USB 连接线将 Arduino 连接到计算机时一样：电源 LED 亮起，表明 Arduino 正常启动。如果 Arduino 是首次使用，接近引脚 13 的 LED 将会开始闪烁，如图 2.12 所示。

图 2.12 Arduino 接近引脚 13 的 LED 开始闪烁

现在已经有两种为 Arduino 供电的方式。你可以根据项目的进展切换供电方式，也就是说不必局限于一种方式。

2.3 零件和工具

既然已经购买了零件清单中的零件（见图 2.13），你可能希望学习更多关于这些零件的知识。本小节将详细介绍获取这些零件信息的方式，这对于帮助读者了解这些零件的使用方式以及放置的位置是很有帮助的。

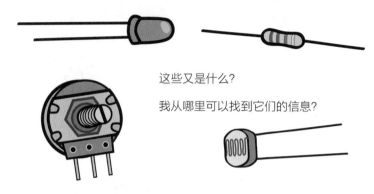

这些又是什么?

我从哪里可以找到它们的信息?

图 2.13　在哪里可以找到这些零件信息

零件分类

在零件拆箱时应按照类型将它们区分开。最好将电阻与 LED 分开放置，甚至可以将不同颜色的 LED 以及不同阻值的电阻分开放置。很多硬件或软件商店都会售卖塑料零件盒子，以便将零件进行分类，方便查找。在此推荐如图 2.14 所示的盒子。

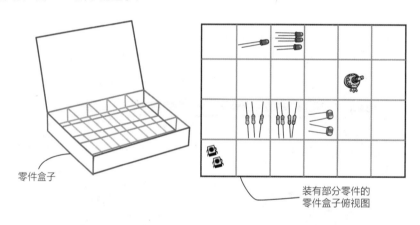

零件盒子

装有部分零件的
零件盒子俯视图

图 2.14　将所有的零件分类有利于更好地查找它们

零件号及分类指导

现在你已经能将零件分类并辨识，那么应该在哪里查找它们的信息呢？最快可以查到零件信息的地方是零件本身。电阻、LED 以及大部分其他元器件的外形是完全不同的，你可以很快学会如何区分它们。在大多数情况下，零件本身会附有自己的零件号清单，清单将会列出供应商或制造商的网址。

查找更多信息：数据表

如果在零件供应商或制造商的网站上查询不到相关信息，就需要在零件数据表中查找。你可以在自己喜欢使用的搜索引擎中输入零件号和关键词"数据表"查找。查找时不能仅参照零件名，因为零件有不同的版本，你在网上查找时会获得不同的信息，例如各种各样的 LED。

电子数据表定义电子零件的行为、功能以及局限性。数据表有大量的零件信息，从运行的温度到建议的布线图，最后是原料组成及工业应用。

例如，以下是在线上数据表查找一个 LED 零件的操作步骤。

1. 在购买的元器件发票中查到可以辨认该元器件的零件号。如果不能查到零件号，可以使用如图 2.15 所示的 LED 号：WP7113SRD。

2. 打开浏览器，在搜索引擎中输入想要查找的零件号，一同输入关键词"数据表"。如果你使用的是图 2.15 所示的零件号，那么搜索词语可以是"WP7113SRD 数据表"。

3. 搜索结果将包含该零件的数据表，通常是 PDF 格式的。单击其中一个链接查看搜索结果并确认与搜索的零件号最符合的信息。

通过数据表筛选数据找到所需的信息通常是非常困难的，但数据表非常有用，特别是当你不确定自己正在处理哪些零件的时候。先看一个示例，如图 2.15 所示。

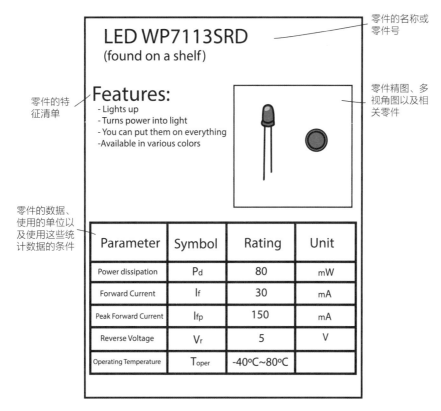

图 2.15　查找到的 LED 数据表

数据表包含零件的许多技术信息，但是当前项目不需要你了解所有的技术信息——如果你使用零件时遇到困难，数据表可以提供帮助。

2.4 总结

现在你应该更加熟悉 Arduino 的布局，明白如何通过 USB 连接线和电源端口为 Arduino 供电。如果对自己的零件有不确定的地方，你可以从购买该零件的网站或者通过其数据表进行查询。下一章我们将学习如何通过多个零件构建第一个电路。

第 3 章　认识电路

上一章介绍了许多关于 Arduino 及其组成部分的知识，同时也介绍了你在完成书中所涉程序时将会使用的一些零件和工具。本章将会介绍运用 Ardiuno 构建电路所需要掌握的一些电子学方面的实践和理论知识。虽然我们现在还不会马上用到 Arduino，但很快就会开始使用它了。

3.1 电路：电子学的基础构件

电路是我们将要使用 Arduino 创建的电子工程项目的基础构件。

你可以用 Arduino 构建许多不同类型的项目——对此能限制你的只有你的想象力。虽然项目的类型多种多样，但本书中的所有项目都是使用电路构建的。

首先我们看看什么是电路，然后你会搭建你的第一个电路。本书还将介绍绘制电路图和测试电路的方法。

图 3.1 举例说明了一些 Arduino 应用，这些应用中的电路形态各异。在卡板机器人外表看不到电路，但正是电路控制着机器人。

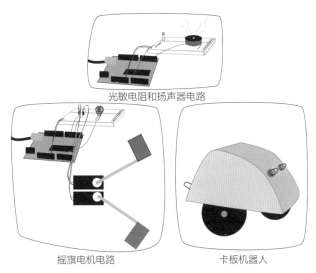

光敏电阻和扬声器电路

摇旗电机电路　　　　　卡板机器人

图 3.1　一些使用 Arduino 作为电路一部分的应用项目示例

深入了解电路

什么是电路?

如果你去过赛车现场,就会知道赛道被称为环形线路。一条环形线路就意味着一条完全闭合的环路,如图 3.2 中所示的线路。赛道的起点即为终点。

无论有多复杂,一条环形赛道始终起止于同一点。

图 3.2　环形赛道

电路同样如此,是一条完整和闭合的回路。一个电路包括完成一项任务所需的所有电子元器件以及使电流在关联元器件间流动的电线或其他材料,如图 3.3 所示。

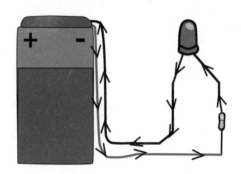

图 3.3　电路中电流的流动起止于电源

为何要构建 Arduino 电路?

以家里电灯的电源开关为例,你必须按动电源开关方可打开或关闭电灯。在本书的项目中,Arduino 将被用来控制电子元器件。我们将电子元器件排列在一个电路上,同时 Arduino 必须为该电路的一部分以便控制元器件。例如电灯的开关就可以用 Arduino 程序自动控制,你不需要亲自按动电源开关,就可以关闭或打开电灯。

Arduino 电路甚至可关闭、打开各种元器件 (扬声器、LED、电机等) 或从外界获取信息并进行反馈 (有多热,开关是否打开等)。只要解决了 Arduino 和电子元器件的连接问题,你就可以通过电力来控制它,再进行编程。

电路如何组成?

电路主要由导线和电子元器件两部分组成。

导线

尽管一个电路的关注点主要在于其电子元器件，但各电子元器件之间若无连接则无法形成电路。计算机和电子设备都包含印制电路板（PCB）。PCB 不导电，由基本材料层组成，材料层上采用了导电细线，如图 3.4 所示。导电细线用于连接焊接在 PCB 上面的电子元器件。如果仔细观察 PCB，你会看到那些闪亮的银线贯穿各电子元器件并将它们连接起来。这些银线就像固定在平面上的电线。

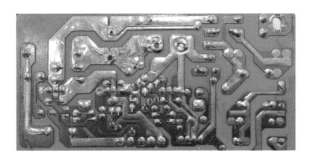

图 3.4　印制电路板（PCB）的细节

电子元器件

电子元器件是一个完整电路的另一要素。在第 1 章"Ardiuno 概论"中曾列出要购买的完整零件清单。电子元器件连接在一起组成了一个完整的电路（见图 3.5）。

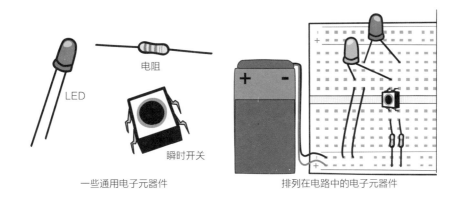

LED

电阻

瞬时开关

一些通用电子元器件

排列在电路中的电子元器件

图 3.5　电子元器件组成的电路

从哪里开始呢?

我们要制作的第一个电路是由一个电池供电的 LED 闪光灯电路。该电路对于初学者是一个很棒的项目，因为灯亮就能直观地证明电路工作正常。闪光灯电路同时也展示了本书所有项目的电路制作中所需要掌握的基本技巧。

在图 3.6 中，可以看到元器件的引脚担当导线的角色。

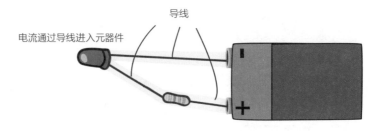

电流通过导线进入元器件

导线

图 3.6 电流通过导线进入元器件

图 3.7 为一个制作完成且配有电子元器件注释的电路图，各部分电子元器件的作用将在本章及后续章节中有详细的说明。目前已知该电路将由排列在面包板上的一个 LED、一个电阻、一根跳线、一个 9V 电池及电池盖组成，第 1 章展示过相应组件。

有很多方法来展现或绘制电路以传达必要的信息。图 3.7 展示了制作时电路的大致样子。这并非总是电路最清晰的表现方式——有些电路元器件繁多并且相连方式复杂，这种表现方式就不再适合。为绘制简化了元器件的电路并显示其连接方法，电路图是很好的方式。接下来详细介绍电路图。

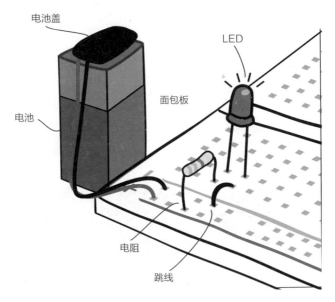

电池盖

LED

面包板

电池

电阻

跳线

图 3.7 将要制作的电路

3.2 电路图

电路图是一种对电路中各电子元器件关系进行描述的图解表示方法。你可以在一个电路图中看到作为电路组成部分的各组件及其相互依存的关系。我们先来看一个简单的电路图，它是基础电路图的代表。我们很快将针对电路图中每个符号的意思进行详细说明，但现在只是先粗略地看一下。图 3.8 是将要制作的一个电路的电路图与一个实物图的对比。

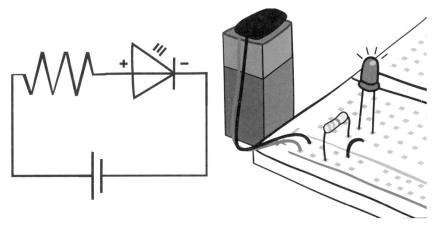

图 3.8　电路图与对应的实物图

为什么读识电路图很重要？

大部分的电子电路项目及组件以电路图的形式表述，没有必要采用拍照或者画实物图的方式。随着电子技能的提高，你想要自制超出本书内容的项目，就需要读懂并绘制电路图，从而对项目进行研究、说明以及创建。

先从简单的电路图开始，随着书中更复杂的项目的创建，本书将逐步展开更为复杂的介绍。如果在网上或其他资料中看过电路图，你会留意到有些时候电子元器件符号的画法和排列方法有所不同。所有电路图的符号都不完全相同也没关系，如图 3.9 所示。

图 3.9　LED 的电路图符号

电路图解：电路图

你已经知道电路图是表述电路中电子元器件相互关系的基本方法。所有常用的元器件在电路图中有其各自的符号以便清楚表示电路包含哪种元器件。图 3.10 所示是包括一个 LED、一个电阻和一个电源的基本电路。LED 有方向区分，正极（阳极）和负极（阴极），如第 1 章中所述。电路图主要是以图解方式对电路中各电子元器件的连接方式进行说明。

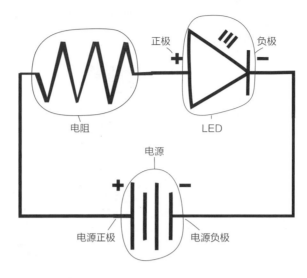

图 3.10 带有注解的电路图

表 3.1 列出了如图 3.10 所示电路中所用的电子元器件的符号。如果你想要了解更多的电路图中的电子元器件符号，可以在百度百科上进行搜索。

表 3.1 元器件和对应的电路图符号

元器件	描述	电路图符号
	电池	
	LED（发光二极管）	
	电阻	

电源与接地的电路图符号如图 3.11 所示。本章稍后将讲述关于电源和接地的概念，辨识这些符号将有助于理解电路的工作原理。

零基础学电子与Arduino：给编程新手的开发板入门指南（全彩图解）

标有额定电压的通用电源符号 通用接地符号

图 3.11 电源和接地的电路图符号

绘制电路图

你已经看过了电路图的示例以及我们的首个电路图中所用到的符号。如何将这些符号连接成一个电路图呢？

我们将从图 3.12 中的电阻符号开始。电阻无正负极之分，所以两端都一样。

图 3.12 电阻的电路图符号

下一步我们将绘制 LED 的符号并用一条实线将其连接至电阻。为何是实线？因为实线用于表示电路中各电子元器件之间的物理连接，就如同 PCB 上面的银色导线。

LED 正极（阳极）与电阻相连，如图 3.13 所示。当接入电池时，电流将通过电阻流向 LED 的正极。

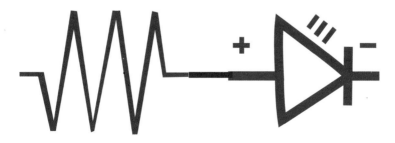

图 3.13 电阻连接至 LED 的正极

现在我们添加电池的符号并与 LED 和电阻的符号相连，如图 3.14 所示。LED 的负极（阴极）一端连接至电池的负极。

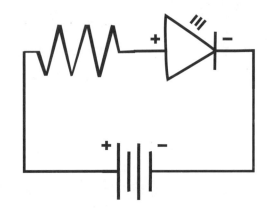

图 3.14　电路的原理图

此电路图中，电阻的一端连接至电源，也就是电池 + 号一端，而其另一端则连至 LED 的正极。LED 的负极接地，也就是电池 − 号一端。电路图体现了电路的完整环路。

3.3 使用面包板

如何使用电子元器件搭建电路？如果看一下图 3.15，你会看到在所有电子元器件下面有一块面包板。

面包板

图 3.15　将要创建的用面包板连接的电路

零基础学电子与Arduino：给编程新手的开发板入门指南（全彩图解）

为什么我们要使用面包板？因为它可以实现所有电子元器件的连接。我们不可能总是用手拿着所有散件拼在一起，而且我们也不想在一开始的时候就将它们之间的连接固定下来。电路是一个回路且各电子元器件必须互相连接，有了面包板就可快速连接各电子元器件，同时也可以灵活轻松地调整电路。使用面包板可以使目标项目快速成型。

注意　使用面包板让我们可以快速地将电子元器件互相连接并对电路进行调整。

面包板的基本要素

你已经看到了面包板的图片以及组装在其上面的电路，也知道了使用面包板可实现电路的快速成型及测试。面包板的结构如何？我们来看一张面包板的"X光片"视图。

警示　切勿移走背衬部分，否则会损毁面包板。

面包板有很多由塑料包裹且顶端开有网格孔的金属条。这些孔被称为连接点，它们按照固定间隔以"横向"和"纵向"形式进行排列。

在图 3.16 中你可以看到金属条排列在"横向"和"纵向"的连接点上面。连接到每个金属条的所有连接点都互相连接。

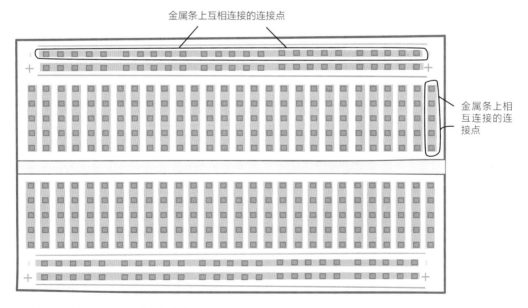

金属条上互相连接的连接点

金属条上相互连接的连接点

图 3.16　一块面包板的"X光片"视图

这些"横向(行)"和"纵向(列)"按照某种模式进行排列以方便使用标准元器件创建电路。

如图 3.17 所示,面包板上最左右两侧的长列按照惯例接至电源和地,我们一般称其为电源总线和接地总线。每列的顶端有 + 号或 − 号,它们将接至电池的 + 端和 − 端。通常电源总线旁边会标有一条红线,接地总线旁边标的则是绿、蓝或黑线。有些面包板,特别是小一点的面包板,没有这些电源总线。

本书后面将针对电源和接地进行更多讲解。当前你只需知道面包板左侧和右侧各有一套电源总线和接地总线可以用于连接电池,至于具体哪侧连接电源和地都无所谓。不妨在创建电路的方式上保持一致性。

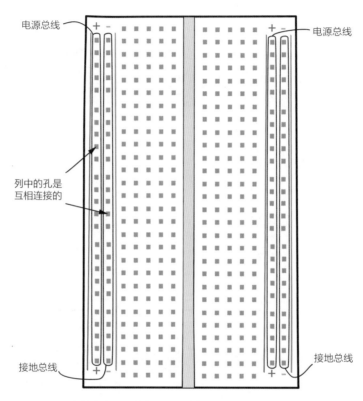

电源总线
电源总线
列中的孔是
互相连接的
接地总线
接地总线

图 3.17   面包板中的电源总线和接地总线

建立连接

通常,面包板中间自上到下有一条间隙,也称沟槽。沟槽与一些元器件同宽,这样就便于将元器件(主要是芯片和集成电路元器件)插入面包板中。沟槽两侧每一行的连接点互连,这样使得在面包板上放置元器件时能够建立它们之间的连接。观察图 3.18 可知沟槽两侧的连接点互不相连,而每一侧各行的连接点则相互连接。

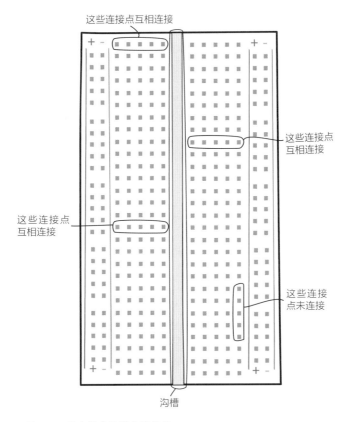

这些连接点互相连接

这些连接点
互相连接

这些连接点
互相连接

这些连接
点未连接

沟槽

图 3.18　面包板中的横向连接点

注意 面包板中的各行（横向）不能跨越沟槽连接。

将元器件摆置在同一行连接点上可将其相互连接，如图 3.19 所示。

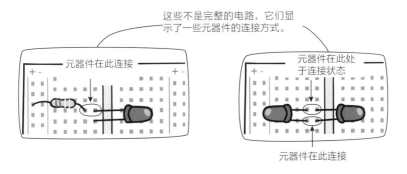

这些不是完整的电路，它们显
示了一些元器件的连接方式。

元器件在此连接

元器件在此处
于连接状态

元器件在此连接

图 3.19　面包板中处于连接状态的元器件

问题

问：是否每建一个电路时都需要一个新的面包板？

答：面包板的强大之处在于非常容易更换电路中的元器件或制作一个全新的电路。你可以重复使用同一块面包板来制作本书中的所有电路。如果你要同时制作一个以上的电路，多备一块面包板还是有必要的。

3.4 制作电路

接下来我们将制作第一个电路！你需要这些元器件和工具：

- 面包板
- 9V 电池
- 电池盖
- 一个 LED
- 一个 330Ω 的电阻（色环为橙色、橙色、褐色、金色）
- 跳线
- 尖嘴钳

集齐所有元器件，开始制作如图 3.20 所示的电路。

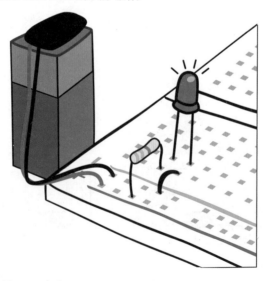

图 3.20　电路

电路的分步指导

本章将讲述刚刚展示的基础电路的完整制作步骤。你可能对电路中所有元器件共同工作的原理不尽理解，这无须担心——随着学习的不断深入，本书将会对电路中的各个元器件进行进一步的说明。现在你只要跟着步骤学习即可。

首先需要的元器件是面包板和 330Ω 的电阻。关于电阻的更多知识我们稍后再学，现在你只是需要一个带橙色、橙色、褐色和金色 4 个色环的电阻。选面包板的一个角，比如左上角（选择左边或右边总线都一样，但最好保持一致）。首先将 330Ω 电阻（带橙色、橙色、褐色和金色色环）的一端接入面包板的电源总线（标有 + 号的一端），另一端接入面包板其中一行。需将导线弯曲少许以便接入面包板。

电路中的电阻无方向区别，每一端作用相同。图 3.21 显示了电阻的安装方式。

小窍门 元器件应固定压紧在各自的连接点上。有时候想让这些元器件完全安到面包板上并非易事，要有耐心。一些人发现使用尖嘴钳将元器件穿入面包板更容易，而另一些人只是用手。你可以选择更适合自己的方式。

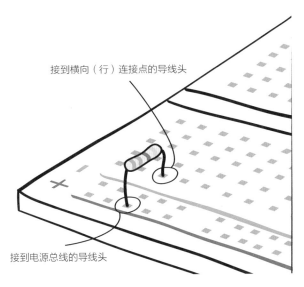

接到横向（行）连接点的导线头

接到电源总线的导线头

图 3.21　添加电阻

其次添加 LED（见图 3.22）。将其正极（长导线头）接入电阻所接入的同一行连接点，负极（短导线头）接入下一行。

图 3.23 显示了电阻的一端与 LED 正极接入同一行连接点上的方法。

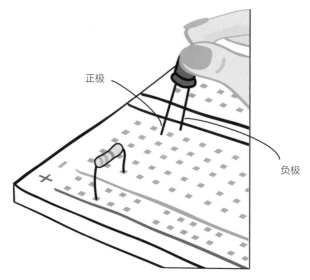

正极

负极

图 3.22　添加 LED

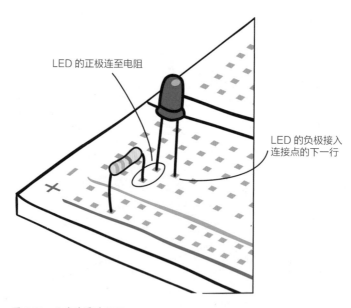

LED 的正极连至电阻

LED 的负极接入
连接点的下一行

图 3.23　正确放置的 LED

　　接下来，应使用一条跳线将接地总线（标有 − 号）与 LED 的负极相连，如图 3.24 所示。黑色跳线用来代表接地。跳线在此的作用是连接负极和接地总线。

零基础学电子与Arduino：给编程新手的开发板入门指南（全彩图解）

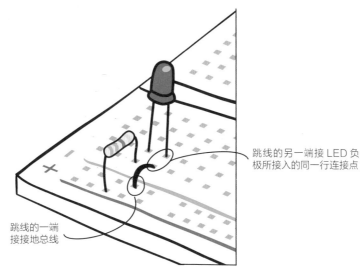

跳线的另一端接 LED 负极所接入的同一行连接点

跳线的一端接接地总线

图 3.24　加跳线接地

加接电池盖到面包板的电源总线和接地总线（见图 3.25）。电池盖上有金属头以便接入电源总线和接地总线。

小窍门　电池盖接入面包板时要确保牢固。有时将电池盖终端的线头拧结起来会有所帮助。

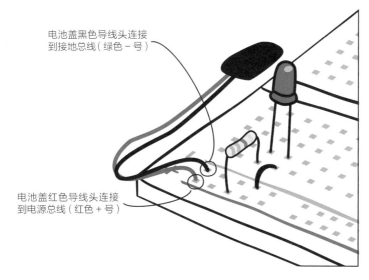

电池盖黑色导线头连接到接地总线（绿色 – 号）

电池盖红色导线头连接到电源总线（红色 + 号）

图 3.25　加装电池盖到面包板上

3.5 电池

仔细看一下 9V 电池和电池盖。电池顶部有两个接线端连接到电池盖上面的插塞接头，如图 3.26 所示。位于 + 号旁边稍小一端是电源端。位于 − 号旁边稍大一端是接地端。

图 3.26　9V 电池近视图

翻转电池盖，观察两个插塞接头，小的插塞接头连至接地端，大的插塞接头则连至电源端，如图 3.27 所示。

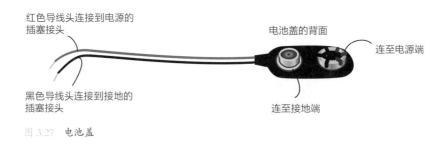

图 3.27　电池盖

只要电池方向正确，插塞接头就可以正确连接，如图 3.28 所示。你用的电池盖或电池盒可能形式有所不同，但都会遵循相同的规则。

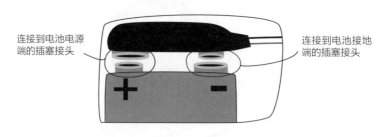

图 3.28　将电池盖安装到电池上

让它亮起来

现在将电池盖接到电池上，LED 应该会亮起来（见图 3.29）。你的首个电路就完成了！

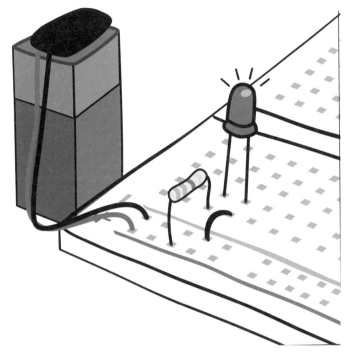

图 3.29　LED 亮了

　　虽然这只是一个简单的电路，但第一个成功的电路还是会让人感觉良好。接下来我们看一下电池是如何为电路供电的。

问题

　　问：如果手边没有本书所建议使用的电阻怎么办？

　　答：最好一开始就购买一些各种阻值的电阻，这样就可确保有合适的电阻来满足本书前几个项目及章节的需求。虽然可以通过改变电阻的连接方式来改变它们的阻值，但本书中未详细说明，所以开始就准备好是最好的。

3.6 电路的动力：电

　　当谈及电时，"动力"这个词有其特定的含义，这点我们稍后再做解释。此时，动力在这里指的是电流由电池出来，流经电阻到达 LED，并将其点亮。仔细看一下在电路中是如何表示电源正负极的。之前加装电池盖时我们大致地看了电池上面的 + 号和 − 号，现在我们更仔细地看一下这些符号。

关于电源符号

如图 3.30 所示，电池上有 +（正极）和 −（负极），这是惯用的符号，用以标明电池的电源端（正极）和接地端（负极）。你已经看到在面包板上总线旁的 + 和 − 符号，也看到了连至电池盖红色导线上的电池正极和连至电池盖黑色导线上的电池负极。

电池正极：电源，红色线　　　　　电池负极：接地，黑色线

图 3.30　电池的正极和负极

电源

+ 号或正极，表示电池的电源端。习惯上，我们说电流由电池的这一端流出来。按规定，所有连到正极端的导线都为红色。这样，当有人查看电路时，马上就能知道电路中的电流从哪个方向流过来。

接地

有 − 号的一端为电池的负极，也称接地端。正如同电路中所有的路径一定从电源端开始一样，如果沿着电路一路走下来，它们也必定以接地端为终点。接地端可被认为是"0"端，即所有电被耗尽的地方。电路中所有与接地端相连的导线应为黑色，这样会使操作电路更加容易，而且让人对接地端一目了然。

我们已经了解了一些电源的知识，也制作了电路，但如果灯还不亮该怎么办？应采取哪些方法找到并修复电路上的问题呢？

问题

问：让 LED 亮起来是否需要新电池？是否可以使用旧电池？

答：可以用旧电池，但可能没有用新电池时那么亮。时间长了，电池的电就会耗尽。

　零基础学电子与Arduino：给编程新手的开发板入门指南（全彩图解）

3.7 调试电路

哪个地方出现了故障或是工作不正常了呢？如果 LED 灯不亮了该怎么办？是哪里出错了呢？那就对电路进行调试吧！

调试就是检查电路，看是哪里出毛病了。调试不仅仅是为解决当前的问题，而且还可以建立一个潜在问题的清单并且逐一把它们解决掉。有时，最明显的故障反而是最难发现的。按照清单检查，可以保证不漏掉任何一个问题。

电源和地线都连接到面包板上了吗？

要确保电池盖上的导线正确地连接到面包板的电源和接地总线上，如图 3.31 所示。一定要记住：把红线连接到面包板上标有 + 号的电源总线上，把黑线连接到面包板上标有 − 号的接地总线上。

图 3.31 从电池盖引出的导线正确地连接到电源总线和接地总线上

LED 连接方向正确吗？

检查一下，是否把 LED 正确地连接到面包板上。可以回忆一下，LED 有正极导线和负极导线，并且只有按正确的方向连接时，电流才能通过。正极导线比负极导线更长一些，如图 3.32 所示。

使用的电阻适当吗？

接下来检查一下使用的电阻。在后面的章节里我们将讨论怎样选择电阻。如果使用的电阻阻值过大，那么电路的电源将不足以点亮 LED。但是如果使用阻值太小的电阻，那么 LED 就可能会被烧坏。在这个电路里，电阻带有橙色、橙色、褐色和金色的色环（见图 3.33）。

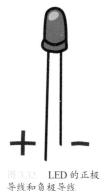

图 3.32 LED 的正极导线和负极导线

图 3.33 330Ω 电阻

这些基本的调试步骤有赖于仔细地观察和对电路基本原理的理解。一些调试步骤还要依赖一些工具，这些工具能够帮助你了解电路中究竟发生了什么。

调试电路：连续性

在用面包板建立一个电路时，最常见的错误可能是把元器件连接在面包板上的错误节点上，导致电路没有被连通。电路是一个回路，如果元器件互相连接不正确，那么回路就是断开的。连续性是一个电学概念，指的是电路中的各个部分都是连通的，如图 3.34 所示。

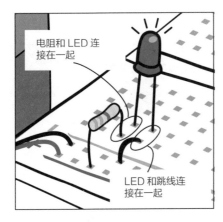
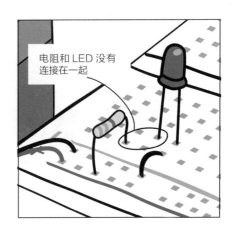

电阻和 LED 连接在一起

LED 和跳线连接在一起

电阻和 LED 没有连接在一起

图 3.34　正确连接的元器件和不正确连接的元器件

仔细地看一下面包板，检查各元器件的连接是否正确。仔细地检查一下 LED、电阻、跳线是否正确地连接到面包板上的连接点。

除了目视检查电路的连续性以外，还有另一种方法，就是使用（见图 3.35）万用表检查电路的连续性。

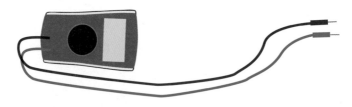

图 3.35　万用表

问题

问：调试步骤需要背下来吗？

答：不用专门背这些调试步骤。在你建立本书中讲到的电路时会经常用到这些调试步骤，到时候自然就会慢慢记住了，而且本书后面的部分还会提到这些步骤。

3.8 万用表

检查电路的另一种方法是使用万用表。对于检验电子或是 Arduino 程序是否运转正常并且所有部分是否工作正常，万用表是一个非常重要的工具。在本书中提到的电路项目中，万用表绝对是一个很好的帮手，它可以确保一切如常运转。我们有时也把它叫作"表"。那么现在我们就演示一下怎样使用万用表来检查电路的连续性。

在这里万用表并未用于 Arduino，但是在后面的章节里就会有这种应用。为什么要使用万用表呢？因为万用表可以帮助我们排除电路的故障。并且当电路变得更加复杂的时候，万用表将变得更加有价值。之后你会学习到更多使用它的方法。图 3.36 展示的是几款不同的万用表。

本书所使用的万用表是 SparkFun 公司生产的（产品型号是 TOL-12966）。在本书中万用表的实物图都是以这款万用表作为原型来绘制的。你的万用表看起来可能和这款不一样，但是设置和使用的原理是一样的。

万用表有很多不同的型号。这里展示了几款不同型号万用表的图片。

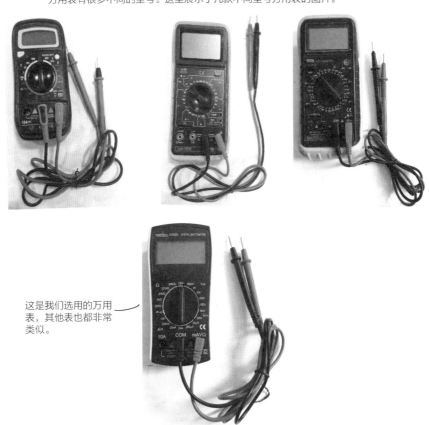

这是我们选用的万用表，其他表也都非常类似。

图 3.36　万用表有不同的尺寸和颜色

万用表概述

图 3.37 展示的是万用表的主要组成部分。显示屏用来显示正在测量的电气参数的值。转换开关用来选择你要测量的电气参数类型。探针的一端接触正在测试的元器件，另一端连接到万用表的端口上。

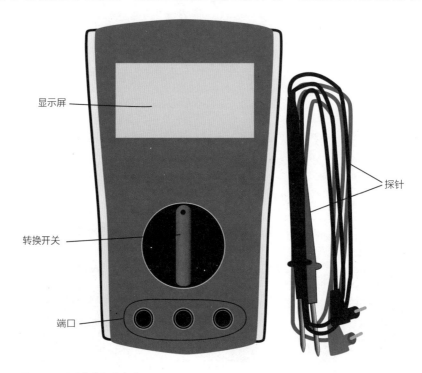

显示屏

探针

转换开关

端口

图 3.37　万用表的组成部分

一些表上有关／开按钮，而图 3.37 中这块表则是用转换开关来开启的。

> 警告　当用完的时候，一定要记得关掉表，否则将会耗尽电池电量。

大部分万用表都是用 9V 的电池作为电源。这里对于怎样把电池插入表不做说明。如果你购买了一个万用表，那么就会附带一个说明书。不同的万用表安装电池的方法是不一样的。

万用表的组成：转换开关

图 3.38 是一个典型的万用表转换开关的详细情况，上面标注有它能测量的电气参数值。随着进一步的学习，本书将介绍所有这些符号和电气参数。现在你只要知道万用表可以测量不同的电气参数和属性，如交流电压、直流电压、电阻、直流电流和连续性就可以了。

图 3.38　万用表的刻度盘

第 5 章我们将详细介绍这些电气参数以及如何测量。

万用表的组成：探针

图 3.39 显示的是万用表的探针，探针是用来接触电路、元器件，或其他要测试和测量的对象。探针的金属尖头一端用于接触电路或是元器件，另一端连接万用表的端口。当收纳万用表时，探针要从端口上取下来。

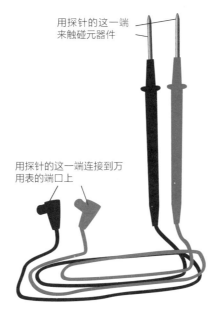

用探针的这一端
来触碰元器件

用探针的这一端连接到万
用表的端口上

图 3.39　万用表的探针

万用表的组成：端口

我们已经介绍了万用表上的探针，现在再来了解一下万用表上的端口吧，如图 3.40 所示。

使用万用表的时候，把探针连接在正确的端口上非常重要。在测量时，黑色探针连接在中间的 COM 端口上。红色探针可以连接在两个不同的端口上（如图 3.40 所示，位于两侧）。一般说来，红色探针连接在靠右的端口上是一个良好的习惯。

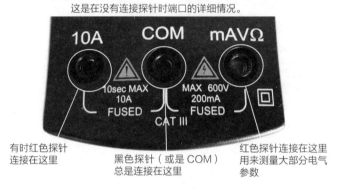

这是在没有连接探针时端口的详细情况。

有时红色探针连接在这里

黑色探针（或是 COM）总是连接在这里

红色探针连接在这里用来测量大部分电气参数

图 3.40　万用表上的端口

3.9 万用表的使用

连续性（见图 3.41）是一个电学特性，用来表示各零部件之间是否连接。你可以使用万用表测试这个电学特性。测试连续性可以使你很快熟悉万用表的各个组成部分。下面将介绍如何利用它排除电路的故障。

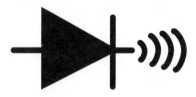

图 3.41　连续性概念的符号

准备万用表来测试电路的连续性

我们首先演示一下怎样使用万用表检测探针之间的电气连接，也就是检测探针之间的连续性，然后再检查电路的连续性。

这个检查能够确定万用表是否工作正常并且可以进一步熟悉它的使用方法。如果探针触碰在一起（见图 3.42），那么它们就形成一个完整的回路。稍后我们将用同样的方法来检测电路中的元器件是否正确连接。

图 3.42　探针触碰在一起的万用表

测试连续性时，对万用表的设置

在检查连续性时，黑色探针连接到标有 COM 的端口，红色探针连接到标有 mAVΩ 的端口，如图 3.43 所示。

黑色探针连接在 COM 端口上

红色探针连接在 mAVΩ 端口上

图 3.43　测试连续性时的仪表端口设置

接下来，转动转换开关，使旋钮指向连续性符号（见图 3.44）。

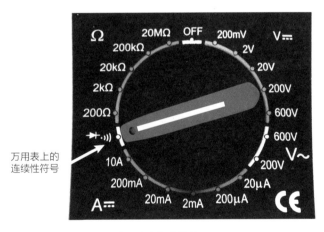

万用表上的连续性符号

图 3.44　旋动旋钮，使其指向连续性符号

测试连续性

当探针接触电路中连接在一起的元器件时，如果万用表设置为测量连续性，那么它会发出一个提示音。当探针连接的端口正确时，将它们互相触碰，就形成了一个电气回路。探针连接成了一个电路，这可以用于检测连续性。

现在把两个探针触碰在一起试试看吧，如图 3.45 所示。当探针互相触碰时，屏幕上会显示 ".000"，这个数字可能会有轻微的波动。同时我们也会听到一个提示音，不同的万用表这个提示音也会有所不同。

第3章　认识电路

这个显示的数字对于连续性不像第 5 章中讲到的电气参数那样重要。

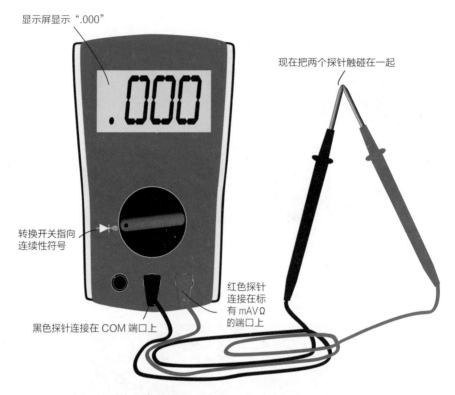

显示屏显示 ".000"

现在把两个探针触碰在一起

转换开关指向
连续性符号

红色探针
连接在标
有 mAVΩ
的端口上

黑色探针连接在 COM 端口上

图 3.45　两个探针触碰在一起检测连续性

当两个探针如图 3.46 所示触碰在一起时，你会听到一个提示音。

图 3.46　两个探针触碰在一起，万用表会发出一个提示音

　　在更加复杂的电路中，如果元器件没有互相连接起来，或是没有连接到正确的地方，你可以通过测试连续性来排除这些故障。在第 5 章中我们将更加具体地展示连续性是如何帮助解决问题的。

3.10 继续调试我们的电路

让我们回到我们的基础电路上来。既然你已经了解了万用表如何使用，并且已经懂得连续性这个概念，那么现在用万用表探针测试一下我们的电路，看一下有什么结果。

检测电路的连续性

如果完成了刚刚的练习，那么万用表已经准备好，可以测试连续性了。转换开关和探针的设置如图 3.47 所示。检查并确保转换开关指向连续性符号处，并且探针连接在正确的端口上。

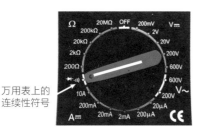

万用表上的
连续性符号

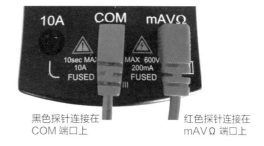

黑色探针连接在
COM 端口上

红色探针连接在
mAVΩ 端口上

图 3.47 测试连续性的仪表设置

首先，把电池从电路中取下，然后开启万用表并把两根探针分别接至电阻的一个引脚和 LED 的一个引脚，如图 3.48 所示。在这里，哪根探针接哪个引脚都可以。

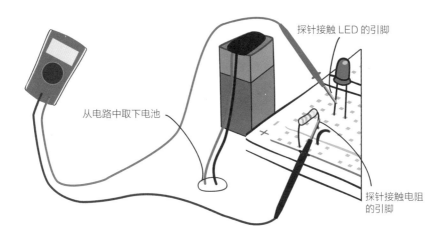

探针接触 LED 的引脚

从电路中取下电池

探针接触电阻
的引脚

图 3.48 测试电路的连续性

如果电路元器件连接正常，那么就会再次听到提示音，并且在显示屏上显示出 ".000" 的字样。这个读数可能会有轻微的波动。

如果没有听到"嗡嗡"的声音该怎么办呢？检查一下面包板上每个元器件之间的连接情况，看看它们是否连接在正确的连接点上。

在图 3.49 中，LED 没有和任何元器件连接在一起。电阻连接在电源总线上，跳线连接到接地总线上，但是它们都不和 LED 相连。把导线连接在正确的连接点上，就可以将电路修复。

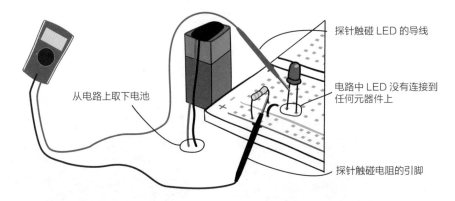

探针触碰 LED 的导线

从电路上取下电池

电路中 LED 没有连接到任何元器件上

探针触碰电阻的引脚

图 3.49　用万用表测试某个电路，这个电路中的元器件没有正确连接

问题

问：万用表上其他符号分别是指什么，我们什么时候会用万用表来测量它们？

答：我们将在第 5 章中对万用表进行更多的介绍，并且阐明怎样测量不同的电气参数（电阻、电压、电流）。

问：当测试连续性时，万用表有和 .000 不同的读数将会怎么样？

答：用我们推荐的万用表，当测试连续性时应该注意的最重要的事情是听万用表发出的声音，这个声音响起就表明元器件被连接在一起了。没有提示音功能的万用表则以不同的方式在显示屏上显示连续性状态。

3.11 总结

这一章讲述了如何连接一个电路和如何排除电路故障。我们了解了万用表，并且学会了如何使用万用表来测试元器件是否正确连接。下一章我们将准备 Arduino，并且把 Arduino 连接到面包板上，然后开始用 Arduino 控制各个元器件。

 零基础学电子与Arduino：给编程新手的开发板入门指南（全彩图解）

第 4 章 Arduino 编程

你 将在本章中了解到 Arduino 如何通过你所编写的程序来控制电子设备。首先需要在计算机上安装可以进行 Arduino 编程的软件，之后将 Arduino 连接到面包板上。现在我们将示范如何用 LED 做一个 SOS 信号灯。这将使你了解编写代码的基本规则，同时熟悉如何在 Arduino 环境下编写代码。本章中你需要了解如何将 Arduino 连接到计算机以及如何在面包板上构建基本电路。

4.1 Arduino、电路、代码：一起工作

这是第一次有机会将构造电路与基本编程相结合。将程序和 Arduino 添加到电路中，你便可以更有效地控制电路，你的 LED 能够以不同的模式闪烁。我们将学会如何使用 Arduino 进行编程并将其连接到面包板上，以便创建一个更复杂的电路。在该电路中，电路中元器件的时序是由装载在 Arduino 上的一系列指令控制的。为了说明这一点，我们将向你展示 LED 如何按照 Arduino 控制的时序闪烁来创建一个 SOS 信号灯。

从这一点来看，大多数项目将包括图 4.1 所示的三个部分：代码、Arduino 和一个面包板。本章将讨论这三个要素的组合以及它们之间如何相互作用。

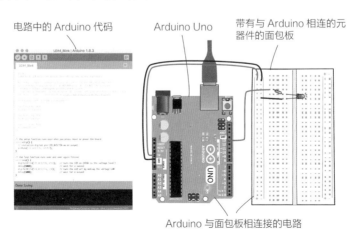

电路中的 Arduino 代码　　Arduino Uno　　带有与 Arduino 相连的元器件的面包板

Arduino 与面包板相连接的电路

图 4.1　代码、Arduino、面包板

在第 2 章"你的 Arduino"中已经介绍了 Arduino 及其一些特性，在第 3 章"认识电路"中大家也了解了一些关于小型电子和电路的知识。本章将指导大家下载和使用 Arduino IDE，掌握上传代码、改变 Arduino 的操作方式。

正如将要演示贯穿全书的必要电路一样，我们也将同时演示所运行的项目将要涉及的所有代码示例。

要进行编码，需要在计算机上安装 Arduino 软件，并且下载和安装 Arduino IDE。那什么是 IDE 呢？

4.2 什么是 IDE？

集成开发环境（简称 IDE）是一种软件应用程序，它可以让你用 IDE 支持的编程语言编写和测试代码。

如果你有编程经验，你可能已经用过另一种 IDE 来编写、测试和调试，并将你的代码转换为计算机可以理解的内容。若你还没有编程经验，那么 Arduino IDE 将是一个很好的入门起点，因为它相对比较简单且易于理解。

Arduino 团队已经设计了一个可用于其设备的 IDE，这个 IDE 有你所需要的全部功能。它有一个内置代码编辑器，用于你在编程时创建的文本文件。你可以在 IDE 中测试代码，并借助可以显示错误代码的消息区以及为这些错误代码提供更多细节的控制台，来解决出现的任何问题。此 IDE 提供了功能按钮，你可以检查代码、保存代码、创建一个新的代码窗口，也可以将其上传到 Arduino 平台，此外它还有更多功能。如图 4.2 所示，这正是 Arduino 项目基本流程图的完美展现。

> 注意 "上传"指的是将在代码编辑器中编写的指令转移到Arduino的"大脑"，以便代码可以控制Arduino。

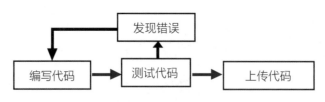

图 4.2　Arduino 流程图

IDE 可以在 Arduino 的网站（进入 Arduino 官网 –SOFTWARE–DOWNLOADS–Download the Arduino IDE）上免费获取。也可以使用其他文本编辑器或 IDE 进行 Arduino 编程，但本书将使用 Arduino IDE。

Arduino IDE 有什么？

▨ 一个编写代码的代码编辑器窗口

- 一个可以提供代码相关信息的消息区域

- 一个提供详细信息并帮助调试错误的控制台

- 一个可以设置 Uno 属性、加载代码示例以及提供一些其他功能的菜单栏

- 几个提供检查代码、上传代码到 Arduino、保存代码、创建新的代码窗口及一些其他功能的按钮

什么是代码？

简而言之，"代码"是用来给计算机下达指令的。我们用代码来"说"一种计算机可理解的语言（在这里，就是 Arduino 语言），来完成一组任务或者生成一系列预先设定的响应。计算机很难理解你的言下之意，它们对语言的细微之处无能为力，所以我们用代码将指令简化为最基本的一组命令集。

你已经了解了 IDE 的基本组成以及代码的基本概念，现在咱们来简单地看一下 Arduino IDE。

Arduino IDE：初次接触

这是你第一次接触 Arduino IDE。没有记住它的全部组成部分或不知道它的全部功能也没关系——毕竟这只是初次接触。这部分内容将在本章后段和本书的后续章节进行详细介绍。

如图 4.3 所示，菜单栏位于窗口界面的顶部。此外，还有一些比如"保存"等常用功能的按钮、一个编码区以及信息输出区等。

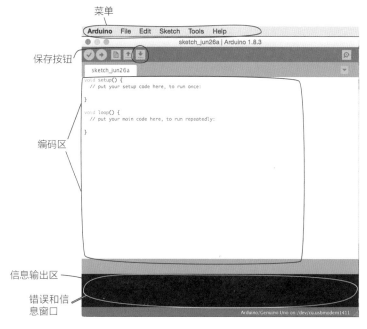

图 4.3　Arduino IDE

现在你已经了解 IDE（特别是 Arduino IDE）的组成，可以下载并将其安装到你的计算机上了。

4.3 Arduino IDE 下载：入门

Arduino 网站免费提供 Arduino 编程所使用的 IDE。Windows 平台和 Mac 平台的安装过程略有不同，因此我们将分别介绍这两种平台的下载和安装过程。

> 注意 下载IDE的方式是进入Arduino官网-SOFTWARE-DOWNLOADS-Download the Arduino IDE。

如果你使用的是 Mac

下载界面如图 4.4 所示。 网站与软件一样会频繁更新，所以当访问该网站的时候，界面显示可能会有所不同。单击链接并下载 Mac 版本的 IDE 软件，同时请确保下载的是推荐的最新的 Mac 版 Arduino IDE。

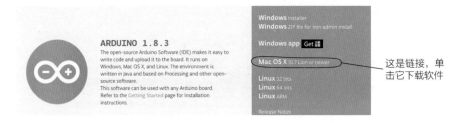

图 4.4　Mac 版本的 Arduino IDE 下载

单击链接时，Arduino IDE 的压缩版本将会开始下载，它将被保存在计算机的默认下载位置，很可能是 Downloads（下载）文件夹。 下载完成后，双击压缩文件将其解压，解压后的文件名为 Arduino.app，外观如图 4.5 所示。

> 注意 如果没有看到".app"，请不要担心——这说明你的计算机设置了不显示文件扩展名。

图 4.5　Arduino 应用程序图标

将 Arduino.app 文件移动到计算机的 Applications 文件夹中，如图 4.6 所示。 现在你已经在 Mac 上下载并安装了 Arduino IDE。

Applications 文件夹

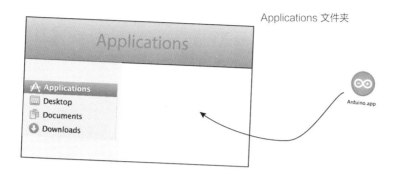

图 4.6 将图标拖到 Applications 文件夹中

如果你使用的是 Windows PC

在 Windows PC 上下载和设置软件的过程与 Mac 非常相似，但是为了确保计算机和 Arduino 之间可以进行通信，还需要执行一些额外的操作。

首先是下载 IDE 软件的 Windows 版本。下载方式与 Mac 相同。 最好下载为 Windows 推荐的 Arduino IDE 的最新版本（见图 4.7 ）。

> 注意 下载IDE的方式是进入Arduino官网-SOFTWARE-DOWNLOADS-Download the Arduino IDE。

Download the Arduino IDE

ARDUINO 1.8.3

The open-source Arduino Software (IDE) makes it easy to write code and upload it to the board. It runs on Windows, Mac OS X, and Linux. The environment is written in Java and based on Processing and other open-source software.
This software can be used with any Arduino board. Refer to the Getting Started page for Installation instructions.

这是链接。单击它下载软件

图 4.7 Windows 版本的 Arduino IDE 下载

建议选择"Windows Installer"链接。 如果你用的是公共计算机（如在学校或工作场所的由多人共用的计算机），那么可能需要下载标有"non-admin install"的版本。

下载完成后，一般会在默认的下载位置有一个以 Arduino 版本命名的 EXE 文件。双击该文件即可开始安装。

第一个对话框会要求你同意 Arduino 许可协议（见图 4.8）。单击"I Agree"将进入下一个安装步骤。

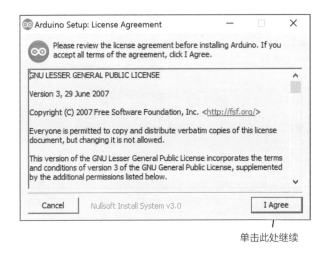

单击此处继续

图 4.8　Arduino 许可协议

在 Arduino Setup:Installation Options（Arduino 程序安装选项），这一步要确保选中"Install USB driver（USB 驱动程序）"和"Associate .ino files（关联 .ino 文件）"这两个选项（见图 4.9）。Create Start Menu shortcut（创建开始菜单快捷方式）和 Create Desktop shortcut（创建桌面快捷方式）不是必需的，但它们有助于在下次使用软件时快速导航到 Arduino IDE。

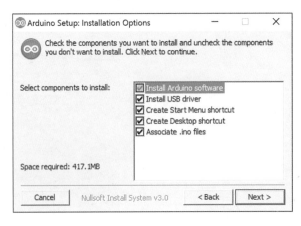

图 4.9　安装选项

根据不同的 Windows 设置和版本，可能会出现一个 Windows 安全弹出框，询问你是否要安装 USB 驱动程序。不管何时弹出，单击安装，使 Arduino IDE 完成安装即可（见图 4.10）。

图 4.10　安全对话框

是的！现在你的 Arduino IDE 已经准备好在 Windows PC 上运行了。

将 Arduino 连接到计算机

你已经安装了 Arduino IDE，现在只需要将 Arduino 连接到计算机，就可以编程了。

将 USB 线一端接入 Arduino，并将其另一端接入计算机，如图 4.11 所示。

记得使用标准的 A−B 型 USB 线

将另一端接入计算机

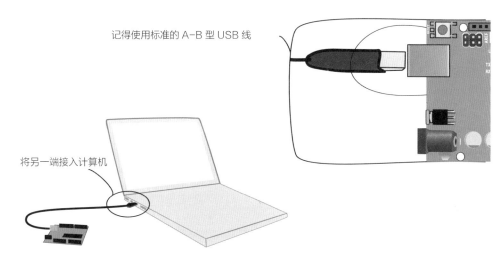

图 4.11　将 Arduino 连接到计算机

标有 ON 的 LED 会被点亮，如果 Arduino 是全新的，那么引脚 13 附近的灯应是闪烁的，就像在第 2 章（见图 4.12）中你尝试接入 Arduino 的时候一样。

LED 闪烁

Arduino Uno 开启

图 4.12 LED 指示灯

Arduino IDE：界面中有什么？

看看图 4.13 所示的 Arduino IDE，现在你已经启动了它。

Arduino IDE 可以检查 Arduino 是否连接到计算机，检查代码是否有错误，让你上传自己编写的代码来控制 Arduino，当然还有其他一些有用的选项可以用来了解 Arduino 如何运行。在进行 Arduino 编码之前，我们将更详细地了解其所有特性。

我们在代码编辑器中编写 Arduino 程序。当你第一次启动程序软件时，会看到程序的主要构架。本书将解释如何用相应的代码对 Arduino 进行编程。

注意 程序（sketch）就是为Arduino编写的代码。

菜单

按钮

编码区

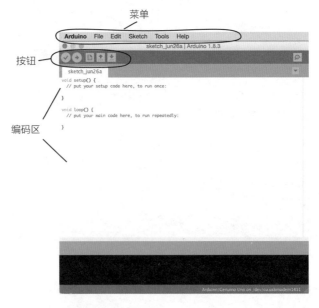

图 4.13 Arduino IDE 的基本组成

警告 Arduino IDE的一个特点是如果你关闭所有的程序窗口，IDE将试图关闭。如果你对程序做了任何更改，它会要求你进行保存，否则就会自动关闭。

开始编程之前，必须配置一些设置。现在就来看看都有些什么。

配置 IDE

在 Arduino IDE 中需要配置两个重要的设置，以便计算机可以与 Arduino Uno 进行通信。你需要指定正在使用的 Arduino 硬件版本，以及 Arduino 和你的计算机之间将使用哪一个连接或端口进行通信。即只要使用相同的 Arduino Uno，这些设置也将是相同的。（如果使用的是其他版本的 Arduino，其设置会有所不同。本书中的所有项目都使用相同的 Arduino。）

指定 Arduino 硬件版本

正如第 1 章所述，Arduino 有很多不同的版本。要进行 Arduino 编程，必须在软件中指明你正在使用的是 Arduino 的哪个版本。

要做到这一点，请转至"Tools（工具）"菜单并选择"Board（电路板）"，如图 4.14 所示，再从弹出的菜单中选择"Arduino / Genuino Uno"。一旦电路板设置完成，就需要设置一个端口，Arduino 将通过该端口与计算机进行通信。

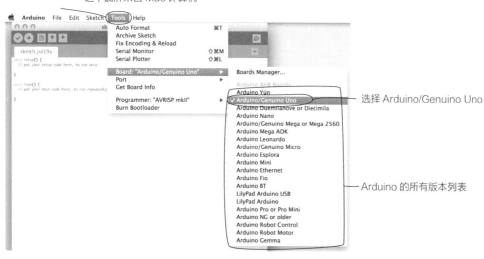

图 4.14 选择 Arduino 电路板

指定要使用的端口

在 Arduino 上有一个端口，通过 USB 数据线连接，它会与计算机上的端口进行通信，这里我们把端口看作是两个设备互相通信的通道。现在需要设置 Arduino IDE，在计算机上使用正确的端口与 Arduino 进行通信。

在 Mac 和 Windows 计算机上选择正确的端口会有所不同。这两者的截屏我们都会看一下。由于本书使用的是 Arduino Uno，所示计算机的配置是为了和这个版本的 Arduino 通信而设的，我们先看看 Mac 版本的。如果你用的是 Windows PC，可以直接跳到下一节。

> 注意 端口就是连接Arduino和计算机的通信通道。

Mac 端口选取

要设置计算机与 Arduino 通信的正确端口，请转至"Tools（工具）"菜单栏并选择"Port（端口）"，如图 4.15 所示。

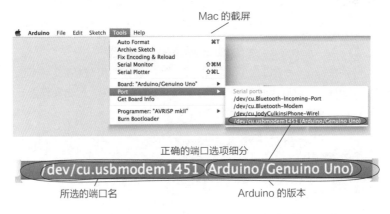

图 4.15　选择正确的端口

在 Mac 上，选择描述中包含"dev"和"cu"并标记为"Arduino / Genuino Uno"的端口。"dev"是 Mac 添加的前缀，"cu"是调用（call-up）的简称，Arduino Uno 是你所使用的 Arduino 硬件的版本。在前面的例子中，该菜单项末尾的数字是 1451，但在你自己的屏幕上数字会有所不同，而且每次连接 Arduino 时，这个数字可能都会改变。在某些版本的软件或操作系统中，你可能会在端口列表中看到"tty"而不是"cu"，这也是可以的，关键是端口描述一定要有"Arduino / Genuino Uno"。

如果选择了错误的端口，也不会有什么不好的事情发生，只是 Arduino 和计算机就无法相互通信了。如果 Arduino 和计算机没有联通，就要再检查一下端口列表，确保选择了正确的端口。

Windows 端口选取

我们来看一下 Windows 上的端口选取（见图 4.16）。在 Windows 计算机上，端口名称全部以"COM"开头。你可以进入"Tools（工具）"菜单，选择"Port（端口）"，然后选择"Serial ports（串行端口）"下的与"Arduino Uno / Genuino"标签所匹配的"COM"号，就像"COM3"（Arduino Uno / Genuino）。

Windows 计算机上的截屏

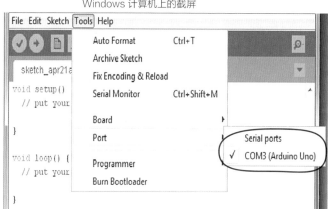

图 4.16　选择正确的端口

问题

问：我一定要选择"Arduino Uno / Genuino"所对应的端口吗？

答：不一定。这只是本书用的 Arduino 电路板的版本，书中的所有项目用的都是 Arduino Uno，日后你可能会用其他版本的 Arduino 来创建你自己的项目。

问：有时在下拉列表中会列出其他端口。它们是什么？

答：那些端口可以提供不同的方式让计算机与其他设备进行通信。所以别担心，我们暂时不会用到它们。

问：如果计算机没有连接到 Arduino，能看到可以连接到 Arduino 的端口吗？

答：不能。为了能看到正确的端口，必须先用 USB 线连接 Arduino 和计算机。

现在你已经设置了正确的端口和 Arduino 电路板，接下来我们仔细看看用于创建代码的 Arduino IDE。

了解代码窗口

我们已经了解过 Arduino IDE 的组成部分，现在再仔细看一下图 4.17。

与大多数软件一样，在软件界面的顶部会有一些菜单供你执行各种操作，例如创建新文件、保存文件等。菜单的下方还有一些按钮图标，可以让你快速访问一些最常用的操作。单击"验证"按钮可以检查并确保代码中没有错误。单击"上传"按钮可以将代码从计算机传输到 Arduino，以便它可以在 Arduino 开发板上运行。再往下依次是代码编写区和信息提示区。我们在 IDE 中工作的时候将会解释更多关于信息提示区的内容。现在只需要知道它会告知代码是否有错误以及它占用了多少 Arduino 的内存空间等信息。

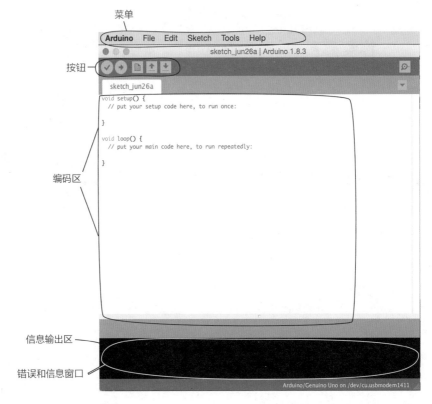

图 4.17　Arduino IDE 说明

接下来我们仔细看一下图 4.18 所示的位于代码编辑器上方的按钮。

通过这些按钮你可以快速执行最常使用的代码窗口的操作。这些操作包括：检查代码是否有错误（验证），将代码发送到 Arduino 开发板（上传），创建新文件，打开文件和保存文件。

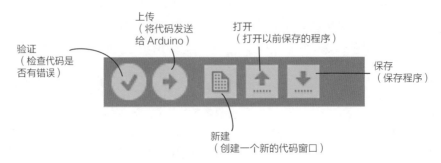

图 4.18　Arduino IDE 中的按钮

我们很快就会用到这些按钮，但首先我们要了解编写程序的真正含义是什么。

4.4 程序：Arduino 编程的基本组成

可以将 Arduino 程序看作是一组可以执行特定任务的完整指令。程序包括单个或多个任务的所有代码或指令。你可以同时打开多个不同的程序，就像一个电子表格程序可以同时打开多个表格一样。下面我们进一步看看程序都由哪些部分构成。

你可以认为上传到 Arduino 的内容都是程序，程序可以非常简单，也可以非常复杂。它可以打开和关闭单个 LED，也可以根据传感器的输入来控制 10 个或更多的电机。尽管每个程序对应的是一个任务，但是这个任务可以由多个部分组成。例如，程序可以测量光的强弱，并以此来触发扬声器和 LED。这些用一个程序即可实现。

程序名会显示在代码编辑器左上角的标签页，如图 4.19 所示。

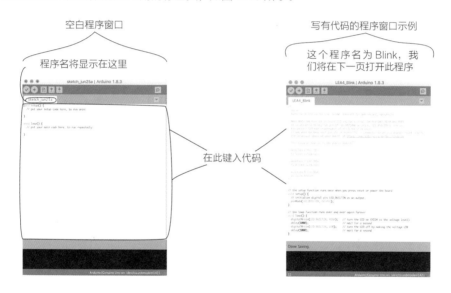

图 4.19　一个空白程序窗口和一个写有代码的窗口

打开示例程序

开始编写代码之前，我们先来研究一个 Arduino IDE 中包含的示例。IDE 有很多示例（代码），这些示例展示了在 Arduino 中可以完成的许多事情。你可以将一个示例加载到代码窗口中，并在 Arduino 连接到计算机时将其上传到 Arduino。

选择"File（文件菜单）-Examples（示例）-01.Basics（01. 基础）-Blink（闪光）"，打开名为"Blink（闪光）"的示例程序（见图 4.20）。

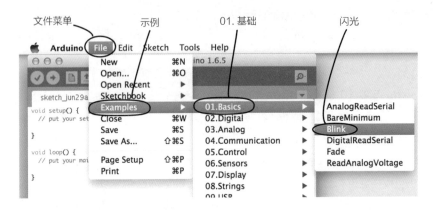

图 4.20　打开 Blink 程序

保存程序

默认状态下，Arduino 程序将被保存在计算机"Documents"文件夹下的"Arduino"文件夹里。你可以继续将程序保存在这里，好处是你能方便地找到这些程序。Arduino 的"File（文件）"菜单的"Sketchbook"下拉菜单中记录了以往保存在该文件夹内的文件。

即使你用的是示例中的代码，也最好现在就用一个不同的程序名将其保存，以便你始终可以回到原始的没有改动过的示例代码。这样当你修改程序并保存时，就不会意外地保存在"Blink"示例程序中了。将你的程序保存为"LEA4_Blink"，以便于记录自己的更改之处。

提前保存，经常保存！

养成保存文件的习惯，这样可以避免你所做的工作意外丢失。某些原因可能致使计算机关闭了 Arduino IDE（例如断电、临时故障等），所以请提前保存，经常保存，这样可以少些担心。尽管这种情况发生的概率很低，但只要有一次发生，你就会很庆幸自己不必再重复之前做的所有工作，因为你保存了项目并且不必再担心。

> 小窍门 当你在工作的时候，请随时保存程序文件。

上传程序到 Arduino

你已经用一个新程序名保存了示例程序，现在可以将其上传到 Arduino 了。在上传之前，检查一下错误。即使所使用的是 IDE 内置代码，也要养成在上传代码前进行验证的好习惯。

在准备上传代码时，需要记住之前讨论过的两个按钮："验证"和"上传"。图 4.21 突出显示了这两个按钮。

图 4.21　Arduino IDE 上的验证和上传按钮

第 1 步: 验证程序

　　验证可确保代码的正确性，单击"验证"按钮并确认没有错误（见图 4.22）。除非你在保存之前对"LEA4_Blink"程序进行了修改，否则一切都会正常工作。

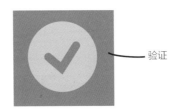

图 4.22　验证按钮

图 4.23 展示了 IDE 底部的消息窗口将会显示"Done compiling（编译完成）"，并没有显示任何错误。

验证成功

```
Done compiling.

Sketch uses 450 bytes (1%) of program storage space. Maximum is 32,256 bytes.
Global variables use 9 bytes (0%) of dynamic memory, leaving 2,039 bytes for local variables. Maximum is 2,048 bytes.

9                                                                    Arduino Uno on /dev/cu.usbmodem1411
```

图 4.23　消息窗口

　　验证代码时，只要程序中有任何的错误，你就会收到一条消息告诉你出错了。Arduino IDE 只能识别编程错误，而无法识别使用 Arduino 创建电路时所犯的错误。当在 Arduino IDE 窗口中输入文本时，代码类似于人类的自然语言，但是 Arduino 对此无法理解 。 此时当你单击"验证"来检查程序是否有错误时，计算机就会将代码暂时转换为 Arduino 可以识别的语言。

第 2 步：上传程序

当你单击"上传"按钮（见图 4.24）时，计算机会将这些代码转换成 Arduino 能够识别的语言，随后立即开始通过 USB 线将此程序向 Arduino 发送。

图 4.24　上传按钮

还是上传：状态栏和消息窗口

一旦单击了上传按钮，Arduino IDE 窗口将会出现一个状态栏来显示上传进度，以及一个可以显示诸如程序大小之类信息的消息窗口。这个进度条和消息窗口类似于图 4.25。

一旦发送文件至 Arduino，消息窗口会显示"Done uploading（上传完成）"。

好了！来自 IDE 窗口的代码就在 Arduino 上开始运行了。

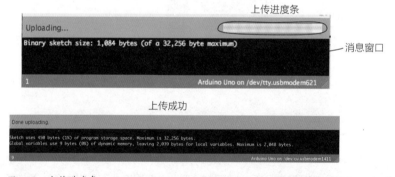

图 4.25　上传进度条

运行 LEA4_Blink 程序

现在你已经将程序上传到了 Arduino，只要 Arduino 能通过 USB 线从计算机上获得供电，就会一直运行。上传到 Arduino 的代码包含了要求 Arduino 控制灯光反复闪烁的指令。引脚 13 附近的 LED 将会按照亮 1 秒、灭 1 秒的方式无限循环下去（见图 4.26）。稍后我们将详细查看代码，同时了解它的工作原理。

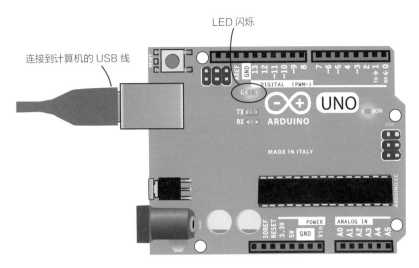

图 4.26　LED 闪烁

LED 闪烁

连接到计算机的 USB 线

如果你的 LEA4_Blink 程序工作异常，可以再次返回从头逐步检查，找出阻碍代码运行的问题。 此前在面包板的电路上我们已经使用过类似的方法，这就是"调试"。

> 注意　"调试"指的是解决电路和Arduino项目代码中的问题的过程。

4.5 调试：如果 LED 没有闪烁，该怎么办？

如果上传成功，并且 LED 闪烁，说明一切正常。 但是如果 LED 没有亮呢？ 就像你通过调试来找到电路中的问题一样，你也要调试代码，一步步地查找出阻止代码正常运行的问题。 你还将查找 Arduino 硬件设置中出现的问题。 如果你的 LEA4_Blink 程序有任何问题，确保以下操作：

▨ 将 USB 线紧紧插入计算机和 Arduino（见图 4.27）

▨ 从菜单中选择正确的开发板类型和串行端口（见图 4.28）

图 4.27　确保计算机通过 USB A-B 型线牢固地连接到 Arduino

图 4.28　确保选择正确的开发板

如果 Arduino 没有响应，可以尝试在上传之前按复位键，如图 4.29 所示。如果按下复位键，Arduino 将会短暂关闭，然后再重新开启。

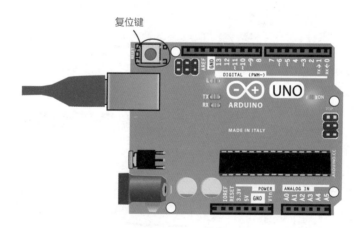

图 4.29　Arduino 上的复位键

如果以上解决方案都不生效，也可以尝试切换 USB 端口或重新启动计算机。本书将涵盖各种代码调试技巧，但是学会这几个关于 Arduino 的基本使用技巧，可以省去很多麻烦。

只要 Arduino 连接上电源，LEA4_Blink 程序就会运行，但是实际上它又是如何工作的呢？

4.6 LEA4_Blink 程序：概述

图 4.30 显示了 LEA4_Blink 程序的屏幕截图，大致说明了程序的组成部分，后文会详细介绍每一部分。

图 4.30　LEA4_Blink 程序

注释是程序员做的说明，这部分文本不属于程序的一部分。在 Arduino 程序中，设置函数 setup() 用来完成程序中一次性的操作，用循环函数 loop() 实现程序中需要多次运行的部分。

在这个程序中，设置函数 setup() 和循环函数 loop() 中的所有代码都是用 Arduino 编程语言编写的。如果查看 Arduino IDE 中的代码，你将看到代码的不同部分有不同的颜色，有些是橙色的，有些是蓝色的，还有些是黑色的。这些颜色代表了代码的不同作用。记住或了解这些颜色并不重要，这只是便于你区分各个部分的作用。

> 注意　在LEA4_Blink程序中，设置函数setup()和循环函数loop()中的所有代码都是由Arduino编程语言进行定义的。

稍后我们将详细介绍程序中的各个部分，现在我们先看一下代码顶部的注释。

注释：让其他人知道你在想什么

代码中的注释是写给那些可能会读你的代码的人看的一些说明。这些注释对计算机如何处理文本没有任何影响，只是便于你或其他人理解程序意图，或者提示程序的整体功能。本书将在整个代码示例中使用注释帮助解释各节点来对各段代码加以说明。为自己的代码写注释是一个好的习惯，这也便于以后回头再看程序时可以记起当时发生了什么。

LEA4_Blink 程序的第一部分包含了关于文件如何工作的注释。这个注释很长，包含了很多信息，但有时候注释也会很短，只有一两个词。从这个示例可以看出，注释有时会记录关于编写代码的作者和日期的信息。这种情况也表明该代码是公开的。

Arduino 语言和许多其他流行语言一样，有两种注释方法。多行注释以"/ *"开头，以"* /"结尾，表示注释整个代码块；单行注释以"//"开头，以"回车（换行）"结尾。有时单行注释位于 Arduino 代码的末尾，任何写在双斜线（//）之后的东西都会被忽略，直到下一行语句。

如图 4.31 所示，LEA4_Blink 程序的顶部显示了程序开始处的注释。

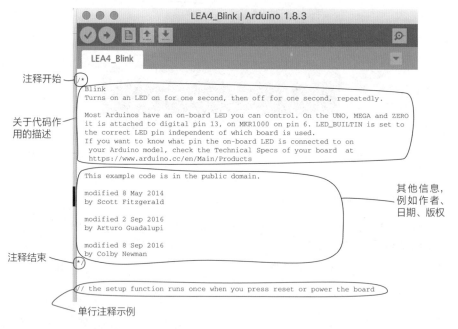

图 4.31　LEA4_Blink 程序开始时的注释

> **注意**　/ *和* /表示注释块的开始和结束。
>
> // 表示单行注释。

4.7 setup() 和 loop(): 代码的核心

注释虽然很重要，但它并不是对 Arduino 的指令。在 Arduino 的程序中，有两个基本部分 :setup() 函数和 loop() 函数。图 4.32 显示了 setup() 和 loop() 这两个函数是如何工作的 :setup() 只运行一次，然后是 loop()，一遍遍重复。

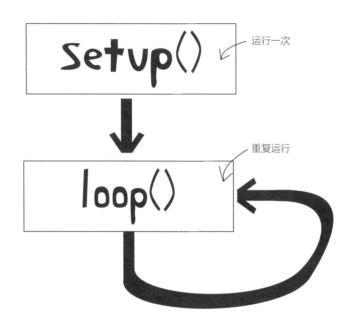

图 4.32 setup() 函数和 loop() 函数的示意图

setup() 是一个函数的名称，它包含在每个 Arduino 程序中。什么是函数？只要把它想成是一种组织代码或指令以适用于计算机的方法。

> 注意 函数是一种将代码的语句或指令块分组并运用到计算机上的方法。

一般来说，那些程序中只需做一次的事都可以在 setup() 函数中进行。setup() 在每次 Arduino 重置时运行一次。

setup() 和 loop() 协同

我们来看一下 LEA4_Blink 程序其他部分的 Arduino 代码，在这之前我们先来看两个示例项目。这些示例项目将会有助于你了解 setup() 函数和 loop() 函数之间的区别。

示例 1

在本章后面的内容中，你将构建一个 SOS 信号灯，它将使 LED 持续地以"SOS"模式闪烁，时序由编程控制。

setup() 函数设置控制 LED 的引脚为输出，来告诉 Arduino 此引脚将控制 LED。

loop() 函数包含了控制时序的代码，来不断地点亮和熄灭 LED。

示例 2

例如，你想要制作一个数字音乐盒，它播放的声音取决于你按什么按钮，同时你还想要一个音量控制旋钮。

用 setup() 函数为每个声音分配不同的按钮，并确定哪个引脚响应音量控制旋钮。

loop() 函数将专注于响应按钮按压事件并播放按钮触发所对应的声音。loop() 函数也会注意旋钮的变化并改变音量。

你已经看到了 setup() 和 loop() 是如何工作的示例，现在我们看看你刚刚上传并在 Arduino 上运行的 LEA4_Blink 程序中的 setup() 函数是什么样的。

setup(): 设置初始条件

我们已经讨论过注释了，并且知道无论何时开启或重置 Arduino，setup() 都在起始处运行一次。现在我们深入了解一下 LEA4_Blink 示例程序中的 setup() 函数。

完整的 setup() 函数

```
void setup() {
  // 初始化数字引脚13作为输出
  pinMode(LED_BUILTIN, OUTPUT);
}
```

setup() 后面带的这个小括号，我们稍后将会解释为什么需要它们，以及它们会做些什么。括号之后是一个左大括号"{"，这是非常重要的。大括号表示代码块，它划分出了在运行代码时将使用的指令。这样，每当运行 setup() 时，大括号中所有的指令都会逐一执行。当完成代码块时，一定要有一个右大括号"}"，来告诉 Arduino 已经完成了这部分代码指令。

> **注意** 大括号指示一个代码块的开始和结束。

我们来看看在运行 setup() 时执行了什么代码指令。对于 LEA4_Blink 程序的代码，只有一条 setup() 代码指令和一个单行注释。

第一行看起来很熟悉，以两个正向斜杠开始，这意味着它是注释。这个注释告诉我们第二行代码所要执行的命令是"初始化数字引脚 LED_BUILTIN 作为输出"。看一下没有注释的代码指令行。

> **注意** 每行代码有且仅有一条指令，指令以分号结尾。

```
pinMode(LED_BUILTIN, OUTPUT);
```
一个指令相当于一行代码

代码中的分号与普通文字中的句号含义相同，表示已经到达了行末。这使得 Arduino 不会误解指令，因为它明白一旦看到一个分号，这一行就结束了。如果省略了分号，就将在 Arduino IDE 中产生一个错误，代码将不会上传到 Arduino。

```
pinMode(LED_BUILTIN, OUTPUT);
```
分号

> **注意** 分号结束代码语句，就像句号结束句子一样。

接下来看一下行末。pinMode() 后面是一组小括号，其中包含文本"LED_BUILTIN"、逗号和大写形式的"OUTPUT"。pinMode() 是设置引脚的行为方式的函数。

> **注意** 当要使用如pinMode()这样的函数或指令时，我们称之为"调用"函数。

设置引脚模式 → pinMode(LED_BUILTIN, OUTPUT);

当你调用 pinMode() 时，就是让 Arduino 将你指定编号的引脚设置为输入或输出。这里你看到的是 LED_BUILTIN，而不是引脚号，因为 Arduino Uno 知道 LED_BUILTIN 指的就是引脚 13。所以，13 是要设置为输出的引脚号。你没有连接任何东西到 Arduino，但是 Arduino 板自带一个小的 LED，与引脚 13 相连，这也就是 LED_BUILTIN 这个词的起源。所以这条指令的意思是，设置 Arduino 的引脚 13 为输出模式。

> **注意** LED_BUILTIN连接到Arduino上的引脚 13。pinMode(13, OUTPUT)和pinMode(LED_BUILTIN, OUTPUT)会得到相同的结果。

pinMode(LED_BUILTIN, OUTPUT);

引脚编号   引脚设置为此模式

OUTPUT 意味着你要控制引脚打开或关闭。OUTPUT 让你可以动态地设置引脚，并在程序持续运行时更改它的状态。

setup(): 只发生一次

在 LEA4_Blink 程序中，setup() 让 Arduino 将数字引脚 13 作为输出。Arduino 能记住你告诉它的关于引脚的指令，所以你只需要告诉它一次。只要这个程序还在运行，Arduino 就知道引脚 13 是一个输出。如果拔出或关闭 Arduino，那么当 Arduino 重新启动时，最先发生的事情（在 setup() 函数内）是引脚 13 被设置为输出。换句话说，不需要反复提醒 Arduino 每个引脚应该做什么。你在 setup() 中放置所有的 pinMode() 函数，使它们只运行一次。图 4.33 显示 LED 在闪烁。

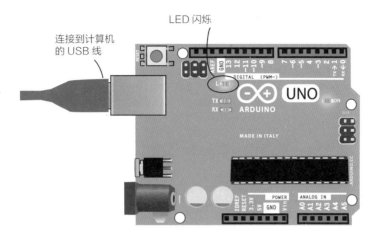

图 4.33　LED 闪烁

问题

问：为什么要在代码中添加注释？

答：你写的代码具体是什么意思，有时不那么明显，特别是当你以后再看程序的时候，注释是很有帮助的。而且，当你分享代码或者在一个团队工作时，注释也便于别人理解你的代码。

问：setup() 总是最先执行吗？

答：Arduino 知道总是先运行一次 setup()，然后继续运行代码的 loop() 部分。要想程序运行顺利，代码必须包含一个 setup()。

问：能再解释一下使用 pinMode() 设置引脚的含义吗？

答：通过使用 pinMode()，我们指示 Arduino 计划在程序中使用一个特定的引脚，在这个例子中是第 13 号（也被标记为 LED_BUILTIN）。对于 Arduino 来说，知道它在每个程序中控制哪个引脚是很有必要的。

问：是否总是需要将引脚设置为输出？

答：不，只有在想用它们来开启和关闭东西时才把引脚设定为输出，引脚也可以被设置为输入。我们将在下一章讨论输入。

问：pinMode() 总是用来设置 LED_BUILTIN 引脚吗？

答：不，在程序里你可以设置 Arduino 上很多其他的引脚。现在使用的是 LED_BUILTIN（引脚 13），因为它是直接连接到 Arduino 的 LED，使用起来非常方便。

问：具体声明哪个引脚会有什么影响？

答：你应该只声明计划在程序中使用的引脚。在 LEA4_Blink 程序中，你只声明 LED_BUILTIN，引脚 13，因为你知道你将使用该引脚点亮和关闭 LED。

问：将引脚模式设置为输出并不是在 setup() 中唯一要做的事情，对吗？

答：对的。对于 Arduino 有很多其他的指令，只需运行一次，就要将它们放在 setup() 中。对此，我们稍后再做解释。

4.8 loop()：什么会反复发生

我们已经从 LEA4_Blink 程序中看到了 setup() 函数，接下来我们看看 loop() 函数。

LEA4_Blink 程序的 loop() 函数

```
void loop() {
digitalWrite(LED_BUILTIN, HIGH);//打开 LED (HIGH (高)是当前的电压水平)
delay(1000);                    //等候1秒
digitalWrite(LED_BUILTIN, LOW);//将电压水平改为"LOW"(低)，关闭LED
delay(1000);                    //等候1秒
}
```

loop() 函数包含你想要重复执行的代码。只要 Arduino 在运行，在 setup() 执行一次之后，包含在 loop() 函数中的代码就会一直重复执行。

注意 只要Arduino在运行，loop()就将持续运行。

当 LEA4_Blink 在 Arduino 上运行时，LED 都将不停闪烁。循环中的代码产生了这种行为。我们逐行看一下程序的 loop() 中有什么。

```
digitalWrite(LED_BUILTIN, HIGH);// 打开 LED (HIGH (高)是当前的电压水平)
```

loop() 中的第一条语句

loop() 内的第一条代码指令语句看起来类似于你在 setup() 中看到的 pinMode(LED_BUILTIN, OUTPUT); 语句。你将再一次使用 LED_BUILTIN，也就是引脚 13，因为你在 setup() 中声明你的程序使用这个引脚。在这里 digitalWrite() 函数被用来设置引脚是打开还是关闭。当引脚设置为"高"时，引脚开启。

当 Arduino 在 loop() 中运行到这一行时，它将打开连接到引脚 13 的 LED。接下来我们看看第二行。

查看 loop():digitalWrite() 和 delay()

在把引脚设置为开启状态后，你想要在程序上添加一个短的 delay()。这个 delay() 将暂停程序，阻止 Arduino 执行 Arduino 执行接下来的指令。delay() 可以暂停程序多久？这取决于你在 delay() 的括号中键入的数值（单位是毫秒，1000 毫秒 =1 秒）。因此，这条指令所执行的是让 Arduino 等待 1000 毫秒（1 秒），然后再继续执行程序的下一个语句。

delay (1000);   // 等候1秒

loop() 中的第二行

现在看一下 loop() 函数的第三行。

loop() 中的第三个语句

我们所写的引脚

digitalWrite(LED_BUILTIN, LOW);// 将电压设置为"LOW"(低), 关闭LED

写一个引脚   写引脚的值

loop() 中的第三行代码指令与第一行 digitalWrite(LED_BUILTIN, HIGH) 几乎相同，只是"高"被替换为"低"。我们来继续关注引脚 13，这是在这个程序中使用的唯一引脚。正如在第一行中学习到的，digitalWrite() 决定了引脚是打开还是关闭。将引脚的值设置为"低"时，引脚处于关闭状态。

最后我们看一下 loop() 的第四行，也就是最后一行。你将会让程序再暂停一次，时间是 1000 毫秒，或者说 1 秒。这样一来，由于 Arduino 暂停运行 1 秒，LED 就会保持关闭状态 1 秒。Arduino 暂停 1 秒，然后再一次返回到 loop() 代码的第一行，重复我们刚刚描述的这个循环。

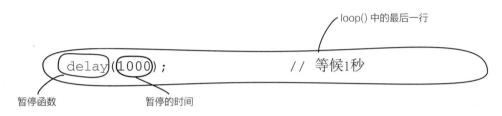

loop() 中的最后一行

```
delay (1000);                    // 等候1秒
```

暂停函数　　　　暂停的时间

loop()：完整的 loop() 函数

下面是 loop() 中全部的代码，包括注释：

LEA4_Blink 程序的 loop () 函数

```
void loop() {
digitalWrite(LED_BUILTIN, HIGH);//打开 LED (HIGH (高) 是当前的电压水平)
delay(1000);                    //等候1秒
digitalWrite(LED_BUILTIN, LOW);//将电压水平改为 "LOW"(低)，关闭LED
delay(1000);                    //等候1秒
}
```

再看一次，如图 4.34 所示，loop() 是循环运行的，setup() 只运行一次。loop() 代码将让 LED 一直闪烁，直到 Arduino 断电。

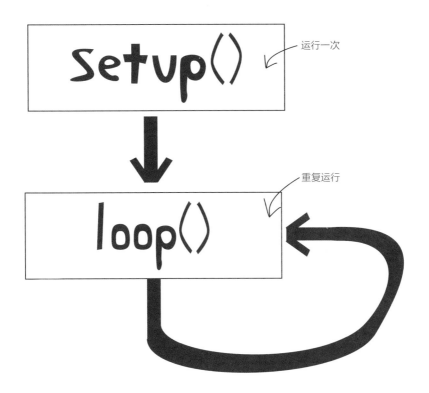

运行一次

重复运行

图 4.34 setup() 函数和 loop() 函数

注意 引脚模式的设置总是在setup()函数中完成。想要运行不止一次的任何内容都应该包含在 loop()函数中。

本书中介绍的程序会越来越复杂，代码行数也会越来越多，而 LEA4_Blink 程序中的基本内容是学习这些复杂程序的基础。引脚只需要在 setup() 函数中声明为输入或输出，任何想要执行多次的代码都应该包含在 loop() 函数中。记住这两个原则将在你进入更复杂的项目时，给你极大的帮助。

你已经了解了 Arduino 程序的基本内容，也了解了 setup() 函数和 loop() 函数是如何工作的。在回答过几个问题之后，接下来我们将复习一下电路图，再看看 Arduino 的电路图。然后我们将说明如何将 Arduino 连接到一个面包板上，使得你可以运行 LEA4_Blink 并点亮面包板上的 LED。

问题

问：所以无论输入的是什么，loop() 函数都会不断重复吗？

答：没错。就像其名字一样，loop() 函数会一次又一次地循环执行函数内的代码。

问：delay() 函数是做什么的？

答：delay() 函数指定 Arduino 暂停或空闲等待的时间。在这段时间里，一切都保持不变，所以，如果灯是亮着的，它就会一直亮着。这个程序中 delay() 函数的作用，我们可以很清楚地看到，灯点亮了 1 秒，然后熄灭了 1 秒。

问：digitalWrite() 函数是否总是在 loop() 函数中？

答：不，只有当你想要设置引脚状态和引脚上连接的元器件为"高"或"低"时，它才会出现，不管引脚状态是高还是低。在本例中，使用 digitalWrite() 来打开或关闭 LED。

问：到底什么是函数？

答：现在，你可以把函数当作让 Arduino 执行指令的一种方式。当你写了更多的程序时，我们会做更详细的说明。

问：分号、大括号……似乎在程序中有很多标点符号。怎么才能记住呢？

答：一开始你可能会很困惑。继续看这些例子，看看标点符号是如何使用的。大括号划分出了一个代码块，而分号标志着一行的结束。

问：Arduino 编程语言在网上有参考指南吗？

答：是的。进入 Arduino 官网 –RESOURCES–REFERENCE，在这里里可以获取更多关于这门语言的信息。你可以用它来了解更多关于本书中使用的代码，并在读完这本书之后研究你自己的项目。

4.9 Arduino 电路图

你已经运行了你的代码并在 Arduino 板上点亮了 LED，接下来你将把 Arduino 连接到面包板上，构建一个电路，然后再次运行 LEA4_Blink 程序。你想要学习如何用 Arduino 来控制外部元器件，而不仅仅是点亮 Arduino 上一个内置的 LED，这就必须连接一个面包板来放置元器件。

要在与面包板连接的 Arduino 上运行 LEA4_Blink，你不需要对代码进行更改。当在 LEA4_Blink 中设置 LED_BUILTIN 为"高"的时候，它会点亮 Arduino 引脚 13 附近的 LED，并且它还会将面包板上任何连接到引脚 13(例如 1 个 LED) 的元器件设置为高值 (也称作开启)。

在开始构建电路之前，我们先来看看电路图。这样做可以使电路中的电子关系更加直观。

从现在开始电路图将包括 Arduino 的符号。图 4.35 显示了 Arduino 的电路图,其中所有的数字、模拟、电源和接地引脚都标有它们的编号或功能。它的旁边是 Arduino Uno 的实物图,用以比较。不要担心,现在你还不用完全记住引脚的编号和功能,我们以后会更多地介绍这些引脚和它们的用途。

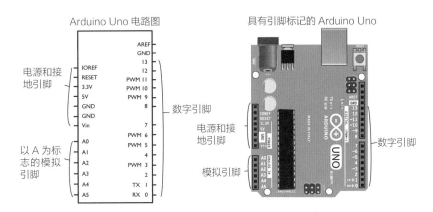

图 4.35　Arduino Uno 电路图和实物图

　　Arduino 的电路图看起来要比之前看到的其他电路复杂得多。这种复杂性说明了 Arduino 可以和很多电子元器件相连。我们不需要把 Arduino 的所有引脚都标注在所构建的电路图中,只需要使用一个简化的版本:用一个矩形代表 Arduino,并且只标记那些你的电路中用到的引脚。我们看一下要用 Arduino 构建的电路的完整电路图。

电路图

　　为了清晰起见,当你的电路图包含 Arduino 时,只需要标记在构建电路时所用到的引脚。例如,图 4.36 显示了将要构建的电路的电路图。电路图中只显示了引脚 13、5V 电源和接地,以及 LED 和电阻。

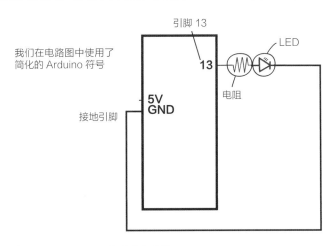

图 4.36　LEA4_Blink 电路的电路图

你已经看了电路图，现在我们来看看如何构建电路。你将从在第 3 章中所做的电路开始（见图 4.37）。

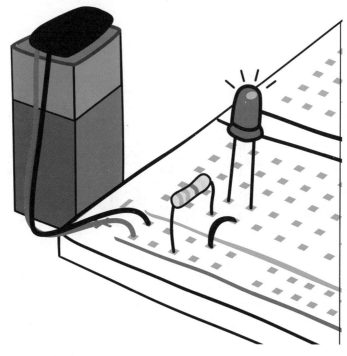

图 4.37　第 3 章中的电路

4.10 构建基本电路

你将运行 LEA4_Blink 程序，并点亮面包板上的一个 LED。将一个带有电阻和 LED 的面包板连接到 Arduino 上，而在 Arduino 上运行的程序与上一个例子相同。当用 USB 线将 Arduino 连接到计算机上时，Arduino 将会是电路的电源。

警告　请记住在调整电路时，应该断开 Arduino 与计算机的连接。

你需要用到的零件

▨ LED（红色）

▨ 220 Ω 电阻（色环为红色、红色、棕色、金色）。这与前一章中使用的电阻不同。

▨ 跳线

▓ 面包板

▓ Arduino Uno

▓ USB A-B 型线

▓ 装有 Arduino IDE 的计算机

图 4.38 将此项目的实物图与完整的电路图进行比较。正如你所看到的，就像在第 3 章中建立的电路一样，电路使用了一个电阻和一个 LED。

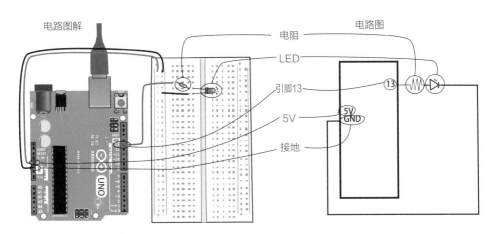

图 4.38 带有标记 Arduino 的面包板和带有注释的电路图

将 Arduino 连接到面包板：第一步

因为你想用 Arduino 构建电路，而且不仅是在 Arduino 板上点亮一个 LED，所以你要把它连接到一个面包板上。那么应该怎么做？

在第 2 章中我们第一次提到了在 Arduino 上使用电源和接地引脚。这两个引脚让你可以使用 Arduino 给你的电路中的元器件供电，从而取代之前使用的 9V 电池。

要使用这些引脚，先从标有 5V 的引脚上连接一根跳线到面包板的一条电源总线上。然后从一个标有 GND(表示接地) 的引脚上连接一根跳线到面包板的一条接地总线上。如图 4.39 所示。

> 警告 正在构建电路时，要确保Arduino与计算机断开连接。

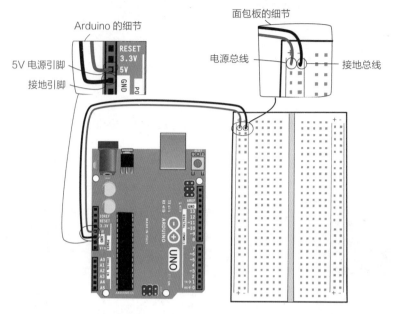

图 4.39 将电源线和接地线连接到面包板上

当把面包板连接到 Arduino 上时，将电源线 (5V) 和接地线 (GND) 连接到面包板上是标准步骤。即使没有立刻使用电源，当在电路中加入更多的元器件时，它也会很方便。在这个电路中，将使用引脚 13 为 LED 供电，而不是使用 5V 电源引脚。

逐步建立电路：连接引脚和电阻

现在，Arduino 和面包板已连接，将 Arduino 板上的引脚 13 用跳线连接到面包板的连接点上，如图 4.40 所示。

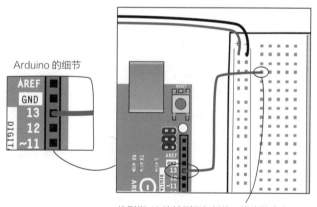

将引脚 13 连接到面包板的一排连接点上

图 4.40 用一个跳线将引脚 13 连接到面包板上

接下来，把一个 220 Ω 电阻（色环为红色、红色、棕色、金色）的一端放在与引脚 13 同一排的连接点上，将另一端插入另一排连接点（见图 4.41）。

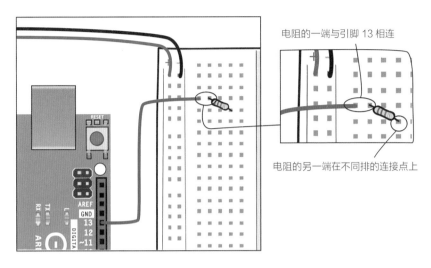

电阻的一端与引脚 13 相连

电阻的另一端在不同排的连接点上

图 4.41　将电阻添加到电路中

逐步建立电路：连接 LED

将 LED 的阳极（长导线，正极）与电阻的另一端放在同一排的连接点上。将阴极（短导线，负极）放在另一排（见图 4.42）。

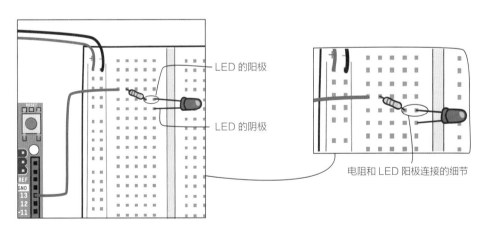

LED 的阳极

LED 的阴极

电阻和 LED 阳极连接的细节

图 4.42　将 LED 添加到电路中

接着，用一个跳线将 LED 的阴极（短导线，负极）连接到接地总线（见图 4.43）。

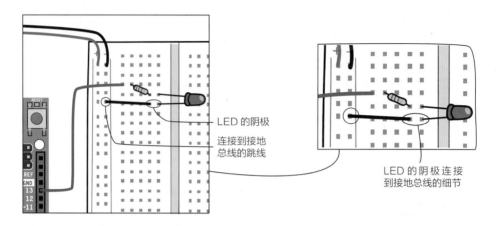

LED 的阴极

连接到接地
总线的跳线

LED 的阴极连
接到接地总线的细节

图 4.43　从 LED 到接地总线添加一个跳线

逐步建立电路：连接到计算机

最后，用 USB 线将 Arduino 连接到计算机，为电路供电（见图 4.44）。

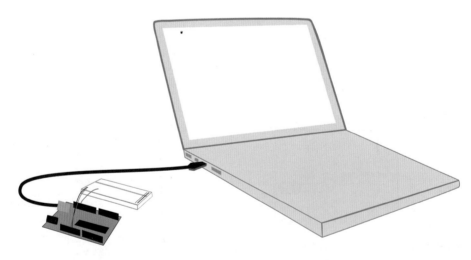

图 4.44　用 USB 线将 Arduino 连接到计算机

LED 应该开始在面包板上闪烁（见图 4.45）。此电路就像在第 3 章中所创建的基本电路一样，但是现在 LED 在 Arduino 内运行的 LEA4_Blink 程序的控制下闪烁。你可以通过 Arduino 更好地控制 LED，同时也添加了计时功能。

零基础学电子与Arduino：给编程新手的开发板入门指南（全彩图解）

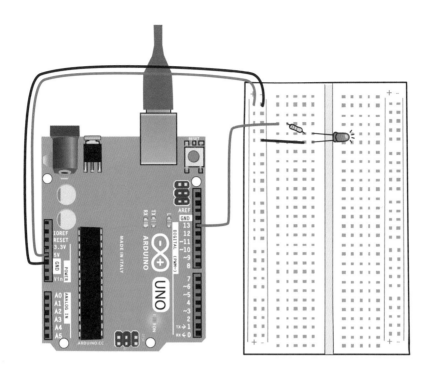

图 4.45　闪烁的 LED

问题

问：LED 不亮，这是怎么了？

答：还记得第 3 章中关于调试电路的部分吗？你可以仔细观察面包板或使用万用表来检查电路的连通性。确保 LED 连接方向正确。还要检查跳线是否正确地连接到面包板和 Arduino 上。

问：我没有更改 LEA4_Blink 程序中的代码，但为什么它能起作用？

答：LEA4_Blink 程序中的代码控制了 Arduino Uno 上的 LED_BUILTIN。小的内置 LED 连接到 Arduino 板上的引脚 13，但是程序中的代码也将控制连接到引脚 13 的任何电子元器件。

问：再一次解释为什么上述电路没有使用 5V 电源，而面包板上却有 5V 的电压？

答：当设置它的时候，把 Arduino 的电源引脚（5V）和接地引脚（GND）连接到面包板上的电源总线和接地总线上是一种惯例。当构建更复杂的电路时，最终将使用电源总线。这个电路将从 Arduino 的电源引脚（5V）获得电源。

4.11 SOS 信号灯：创建更复杂的定时

虽然前面的电路与第 3 章中的项目非常相似，但是你已经通过将其连接到 Arduino 并发现代码的可能性来完成了一些事情。在本章的前半部分能看到，可以通过一些非常简单的代码创建一个 LED 闪烁的程序，接下来我们将进行一些更复杂的尝试。

现在你将调整代码，以创建一个 SOS 信号灯。该模式为 3 次短闪光，接着是 3 次长闪光，然后是再次的 3 次短闪光，在长时间的停顿后，重复上述的模式（见图 4.46）。

LEA4_SOS 信号灯的代码 　　　　　　　　　 Arduino 和面包板

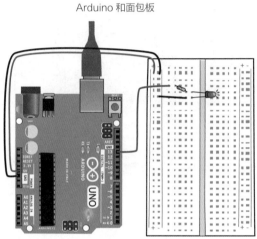

图 4.46　LEA4_SOS 程序和实物图

如图 4.46 所示，硬件（Arduino 和面包板及其电子元器件）没有变化。所有在 SOS 模式中使 LED 闪烁的变化都将出现在 Arduino IDE 中所写的程序里。如果你正在调整代码，不需要从计算机上断开 Arduino，只有在调整电路中的电子元器件时需要断开 Arduino。

> 注意　如果只调整代码，Arduino可以连接到计算机上，但是在改变硬件的时候需要断开。

保存程序和重命名

选择另存为并重命名程序 LEA4_SOS。这个新程序中的一些代码与之前程序中的代码相同，并且在此基础上添加了大量的新代码。setup() 中的代码将有一些小的更改，而 loop() 中的代码将会变得更长。回顾 LEA4_Blink 的代码，然后修改 loop() 中的代码。

回顾和修改代码：你要改变什么？

首先看一下 setup() 的代码。在注释的下面有一行代码，设置 LED_BUILTIN 连接到引脚 13 作为输出。更改这行代码，用 13 替换 LED_BUILTIN，这行代码即为 pinMode(13，OUTPUT)。

setup() 的代码

```
void setup() {
  // 将设置代码放置于此，运行一次
  pinMode(13, OUTPUT);    —— 设置引脚 13 为输出
}
```

大括号

> **注意** 在 setup() 代码中，将 LED_BUILTIN 更改为 13。

与 setup() 中的代码不同，loop() 中的代码被大量地修改并添加了新代码。在进行更改之前，回顾一下 LEA4_Blink 程序的代码。

loop() 中的第一行代码将 LED_BUILTIN 设置为高，开启 LED。然后 delay() 暂停 Arduino——在这个实例中是 1000 毫秒（1 秒）。接下来，将 LED_BUILTIN 设置为低，关闭 LED。delay() 再次暂停 1000 毫秒。由于 loop() 中的代码一次又一次地重复执行，LED 将不停地闪烁。

loop() 代码

```
void loop() {
  digitalWrite(13, HIGH);    // 打开LED (当前电压水平为HIGH (高))
  delay(1000);               // 等候1秒
  digitalWrite(13, LOW);     // 将电压设置为"LOW"(低)，关闭LED
  delay(1000);               // 等候1秒
}
```

看看如何修改 loop()。

在 SOS 程序中调整 loop()

SOS 信号的代码将使 LED 发 3 次短闪光，接着是 3 次长闪光，然后是再次的 3 次短闪光，最后暂停较长一段时间后重复上述模式。首先编写 3 次短闪光的代码。先看一遍程序，然后把它按行分解。将 loop() 函数中的所有 LED_BUILTIN 替换成 13。

3 次短闪光

首先是注释，然后设置引脚 13 为高，再然后是一个暂停，接着设置引脚 13 为低，紧接着又是一个暂停。重复 3 次。

```
// 3次短闪光
digitalWrite(13, HIGH);        // 打开LED (当前电压水平为HIGH (高))
delay(500);                    // 等候0.5秒
digitalWrite(13, LOW);         // 将电压设置为"LOW"(低), 关闭LED
delay(300);                    // 暂停300毫秒, 大约1/3秒
digitalWrite(13, HIGH);
delay(500);
digitalWrite(13, LOW);
delay(300);
digitalWrite(13, HIGH);
delay(500);
digitalWrite(13, LOW);
delay(300);
```

仔细观察。loop() 中的第一行代码保持与 LEA4_Blink 程序中的相同。如你所见，这行代码把引脚 13 设置为高。

设置引脚 13 为高

```
digitalWrite(13, HIGH);        // 打开LED (当前电压水平为HIGH (高))
```

调整下一行代码。记住，delay() 函数创建一个暂停，以毫秒（millisecond）为单位。原来的程序暂停了 1000 毫秒（1 秒）。新程序需要暂停 500 毫秒（0.5 秒）。更改相应的代码及注释。

暂停 0.5 秒

```
delay(500);                    // 等候6.5秒
```

下一行将设置引脚 13 为低（即关闭 LED）。可以保留这一行，因为不需要从 LEA4_Blink 程序中更改它。

将引脚 13 设置为低

```
digitalWrite(13, LOW);         // 将电压设置为"LOW"(低), 关闭LED
```

然后，在 delay() 中更改毫秒数。在原来的 LEA4_Blink 程序中，暂停了 1000 毫秒（1 秒）。现在暂停 300 毫秒（0.3 秒），同时也要调整注释。

暂停 300 毫秒

```
delay(300);                    // 暂停300毫秒, 大约1/3秒
```

这是完整的循环。

```
digitalWrite(13, HIGH);      // 打开LED (当前电压水平为HIGH (高))
delay(500);                  // 等候0.5秒
digitalWrite(13, LOW);       // 将电压设置为"LOW"(低)，关闭LED
delay(300);                  // 暂停300毫秒，大约1/3秒
```

重复打开和关闭 LED 3 次。首先添加一个注释，说明代码的这部分是做什么的，然后再复制两个打开和关闭 LED 的循环。这是代码。

```
// 3次短闪光
digitalWrite(13, HIGH);      // 打开LED (当前电压水平为HIGH (高))
delay(500);                  // 等候0.5秒
digitalWrite(13, LOW);       // 将电压设置为"LOW"(低)，关闭LED
delay(300);                  // 暂停300毫秒，大约1/3秒
digitalWrite(13, HIGH);
delay(500);
digitalWrite(13, LOW);
delay(300);
digitalWrite(13, HIGH);
delay(500);
digitalWrite(13, LOW);
delay(300);
```

3 个长闪光部分的代码与短闪光部分的代码相似。将引脚 13 设置为高后，delay() 函数使程序暂停 1500 毫秒（1.5 秒），保持 LED 开启。先看看所有的长闪光代码。注释说明了下面的代码所做的工作。

```
// 3次长闪光
digitalWrite(13, HIGH);      // 打开LED
delay(1500);                 // 等候1.5秒
digitalWrite(13, LOW);       // 将电压设置为"LOW"(低)，关闭LED
delay(300);
digitalWrite(13, HIGH);
delay(1500);
digitalWrite(13, LOW);
delay(300);
digitalWrite(13, HIGH);
delay(1500);
digitalWrite(13, LOW);
delay(300);
```

再次重复循环，将引脚 13 设置为高，暂停，将引脚设置为低，暂停，重复 3 次。

首先把引脚 13 设置为高。

设置引脚 13 为高

```
digitalWrite(13, HIGH);      // 打开LED (当前电压水平为HIGH (高))
```

然后使用 delay() 函数暂停程序，这一次是 1500 毫秒（1.5 秒）。注意同时修改注释。

暂停 1.5 秒

```
delay(1500);                 // 等候1.5秒
```

就像长闪光代码一样，在短闪光代码中必须先将引脚 13 设置为低，然后使用 delay() 暂停程序。

将引脚 13 设置为低

```
digitalWrite(13, LOW);      // 将电压设置为"LOW"(低)，关闭LED
```

然后使用 delay() 设置短闪烁的时间间隔为 300 毫秒。

暂停 300 毫秒

```
delay(300);                 // 暂停300毫秒，大约1/3秒
```

我们再次创建了一个循环。在最后一个短闪光循环之后，让程序暂停更长的时间，以便每个 SOS 信号离散。然后一起看看 loop() 中的所有代码。

loop() 中的最后一行代码让 Arduino 暂停 3000 毫秒（3 秒）。上一行代码将引脚 13 设置为低。我们需要在 SOS 信号之间设置较长时间的暂停，以确保观察者能够区分周期。

loop() 中的最后代码行

```
digitalWrite(13, LOW);
delay(3000);                // 最后的延迟是3秒
```

问题

问：我没有把代码中的 LED_BUILTIN 更改为 13。为什么它还能工作？

答：LED_BUILTIN 和引脚 13 是一样的，所以即使在两者之间切换，程序仍然可以工作。但最好只选择一个，这样就不会混淆程序中所发生的事情。

所有的 SOS loop() 代码

现在来看看 loop() 中的所有代码。代码很长，所以我们把它分成几部分。

loop() 声明和开始大括号
```
void loop() {
// 3次短闪光
digitalWrite(13, HIGH);     // 打开LED (当前电压水平为HIGH (高))
delay(500);                 // 等候0.5秒
digitalWrite(13, LOW);      // 将电压设置为"LOW"(低)，关闭LED
delay(300);                 // 暂停300毫秒，大约1/3秒
digitalWrite(13, HIGH);
delay(500);
digitalWrite(13, LOW);
delay(300);                                    3 次短闪光代码
digitalWrite(13, HIGH);
delay(500);
digitalWrite(13, LOW);
delay(300);
```

```
// 3次长闪光
digitalWrite(13, HIGH);    // 打开LED
delay(1500);               // 等候1.5秒
digitalWrite(13, LOW);     // 将电压设置为"LOW"(低)，关闭LED
delay(300);
digitalWrite(13, HIGH);
delay(1500);                              3 个长闪光代码
digitalWrite(13, LOW);
delay(300);
digitalWrite(13, HIGH);
delay(1500);
digitalWrite(13, LOW);
delay(300);
```

```
// 再来一回3次短闪光
digitalWrite(13, HIGH);    // 打开LED (当前电压水平为HIGH (高))
delay(500);                // 等候0.5秒
digitalWrite(13, LOW);     // 将电压设置为"LOW"(低)，关闭LED
delay(300);                // 暂停300毫秒，大约1/3秒
digitalWrite(13, HIGH);
delay(500);                              3 个短闪光代码
digitalWrite(13, LOW);
delay(300);
digitalWrite(13, HIGH);
delay(500);
digitalWrite(13, LOW);
delay(3000);               // 最后的延迟是3秒（3000毫秒）
}————————————— 大括号关闭循环代码
```

在为 SOS 信号灯编写代码并保存它之后，单击验证按钮检查错误（见图 4.47）。

图 4.47 验证成功

如果没有错误，确保计算机连接到 Arduino，并且选择了正确的端口。然后单击上传按钮将代码上传到 Arduino（见图 4.48）。

图 4.48 上传成功

现在面包板上的 LED 应怎样闪烁？

求救信号灯不停闪烁！

LED 应该闪烁着求救信号：3 次短闪光，接着是 3 次长闪光，再次的 3 次短闪光，1 次 3 秒的暂停，然后整个模式开始一遍又一遍地重复。当然还有其他更有效的方法来编写代码，但是现在希望你能通过在电路中看到的结果 (见图 4.49) 来调整和理解代码所做的事情。

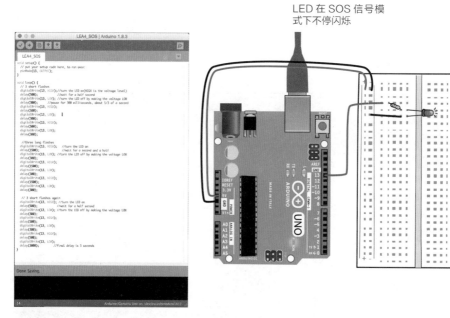

LED 在 SOS 信号模式下不停闪烁

图 4.49　LED 闪烁 SOS

4.12 总结

你已经建立了 Arduino IDE，学习了如何验证和上传代码，学会了如何将一个面包板连接到 Arduino 上，并尝试用 Arduino 编程语言编写一个程序。

在第 5 章中，你将了解更多关于用 Arduino 编程语言编写代码的知识以及将不同类型的元器件连接到一个电路中的方法。

第5章 电学和测量

5

电压、电流和电阻是什么？它们之间有什么联系呢？你是不是非常想了解一下呢？

在这一章中，你将会学习有关电压、电流和电阻的概念以及它们是怎样相互作用的。这将有助于理解电路是如何工作的，并且了解怎样对它们进行调节。本章中，你还会学习到如何使用万用表测量它们的性能。这些知识有助于排除电路的故障，并且使我们可以从零开始走上自主设计和构建计划项目的道路。

5.1 对电学的初步了解

电流就是电子流通过某个导体的现象，如图 5.1 所示。在本书的演示实验当中，电子流将通过细心设计的通道——也就是电路。

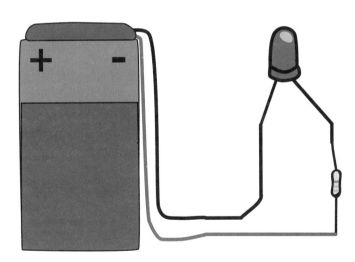

图 5.1　电子可以流通的电路

电学有 3 个主要的定义属性：电压、电流以及电阻。在这一章中，你将会学习到这些定义属性是如何在一个叫作"欧姆定律"的基本关系之中进行相互作用的。还会学习到放置在不同的排列布局当中的电子元器件是如何影响电路中的电学性能的。为什么会更多地考虑电学定义属性，并且为什么不用 Arduino 和其他的电子元器件构建更多的电路呢？如果不了解在电路中这些定义属性是怎样工作的，那么即使完成本书中的全部演示实验项目，也很难自主构建电路项目。如果对这些定义属性没有一定了解的话，那么几乎是不可能自行检修电路的。在这一章中，你将学习到有关排除电路故障方面的技术知识。

用万用表测量电学性能

还能想起从第3章的"认识电路"中学习过的万用表（见图5.2）吗？现在我们来学习如何安装万用表，并且进行连续性试验（即验证一下各个元件是否互相连接在一起）。万用表能够帮助我们排除电路中的故障。例如，可以通过测试连续性证实电路是不是一个闭合回路。在这一章中，我们将学习如何使用万用表测量电压、电流以及电阻。那么，为什么必须测量它们呢？因为测量电压可以帮助我们分析电路中存在的问题。例如，电路是否存在电压，电路里的每个元器件电压值是多少，等等。

> 注释 了解在电路中的电压、电流以及电阻是如何相互作用的，将会对进行电路检修或构建新电路有所帮助。

图 5.2 万用表

如果想要使用万用表测量电路中的各项数值，那么首先必须构建一个电路。现在先连接包括1个LED、1个电阻、1块面包板以及1块Arduino的电路板。这次，先不画Arduino的简图，而是简单地把Arduino作为电源使用。测量从Arduino产生的电压，然后测量流经每个元器件的电压。接下来在电路板上连入第2个LED，看一下当把这些元件串联或并联时，它们的各项数值如何改变。那么，下面将详细地介绍上述所有的内容。

5.2 逐步构建电路

为构建在本章中所提到的基本电路，需要下列零件：

▨ 1个红色LED

▨ 1个220Ω的电阻（色环为红色、红色、褐色、金色）

▨ 跳线

▨ 面包板

▓ 微控制器

▓ USB A-B 型连接线

▓ 计算机

这个电路和在第 4 章"Arduino 编程"里构建的电路是非常相似的。不同的是，这个电路不是从 Arduino 上的一个引脚为 LED 供电，而是从电路板上的 5V 电源总线上为其供电。

现在开始构建电路

就像在前面说起的那样，要构建的这个电路（见图 5.3）和在第 4 章中所构建的电路有着较大的区别，将从面包板上的电源总线获得电源。记住，电源总线必须通过红色跳线连接到在 Arduino 上标记为 5V 的端口上。

已经构建完成并接通电源的电路   电路简图

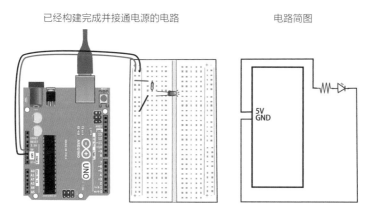

图 5.3   带有简图的电路

在开始构建电路之前，先看一下电源和接地引脚，如图 5.4 所示。有一个标示为 5V 的端口和一个标示为 3.3V 的端口，还有若干个标示为 GND（也就是接地）的引脚。

3.3V 引脚

5V 引脚

接地引脚

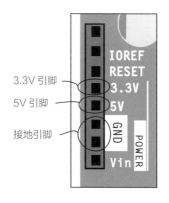

图 5.4   在 Arduino 上的电源和接地端口

尽管多数情况下都是构建使用 5V 电压的电路，但是，也可以使用要求更低电压的元器件构建一些 3.3V 的电路。3.3V 的端口和 5V 的端口能够起同样的作用。以下是构建电路的各个步骤，如图 5.5 所示。

1. 把跳线的一端连接到在 Arduino 上的 5V 引脚上，同时跳线的另一端连接到面包板上的电源总线上（标示红色 + 号的接线柱）。

2. 使用另一根跳线，把跳线的一端连接到在 Arduino 上面的接地引脚上，并且把另一端连接到在面包板上的电源总线上（标示绿色 – 号的接线柱）。

3. 把从电源总线引出来的跳线连接到面包板上的一排连接点上。

4. 把一个 220Ω 的电阻的一个引脚连接到与前面同一排的连接点上。

5. 把 LED 的阳极（长引脚）连接到电阻的另一个引脚上。

6. 把 LED 的阴极（短引脚）连接到接地总线上。

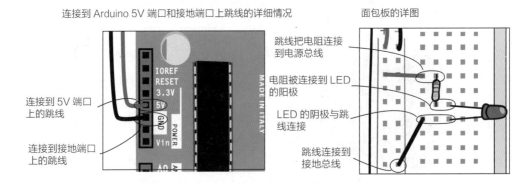

图 5.5　一个电路，附在 Arduino 上的电源和接地引脚详图和在电路板上的元件详图

构建这个电路时，先用 USB 数据线把 Arduino 连接到计算机上。先不运行程序，只是用计算机为 Arduino 提供电源。

排除电路的故障

如果把 USB 数据线连接到计算机上时，LED 是亮着的，那么可以跳到下一页。如果 LED 没有亮，那就要对电路进行检修或是故障排除。前面的章节里介绍过有关故障排除的内容。这里再提醒一下，排除故障就是通过系统地检测电路项目以消除引起故障的任何问题的过程。

检查一下电源和接地是否正确地连接到面包板总线和 Arduino 上的端口。图 5.6 显示的是错误的连接方式。

检查一下 LED 是否连接正确（阳极连接到电阻，该电阻是连接到电源上的；阴极与跳线连接，该跳线是连接到地线上的）。图 5.7 显示的是正确的连接方式。

电源和地线没有正确连接

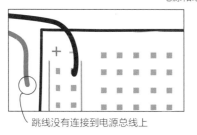

跳线没有连接到电源总线上

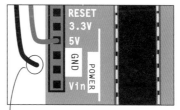

跳线没有连接到 Arduino 上的接地端口上

图 5.6 Arduino 上的电源和接地与面包板连接错误

LED 连接正确

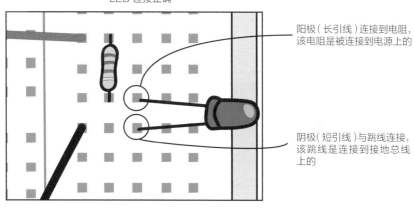

阳极（长引线）连接到电阻，
该电阻是被连接到电源上的

阴极（短引线）与跳线连接，
该跳线是连接到接地总线
上的

图 5.7 检查 LED 的连接是否正确

检查连续性：应该连接的元器件的引线必须接在同一排连接点上。图 5.8 显示的这个电路没有正确连接元器件。

元器件被连接到错误的连接点上

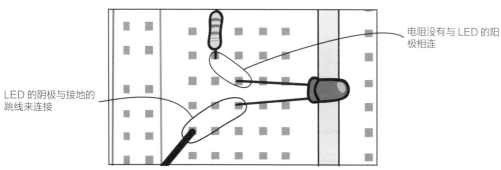

电阻没有与 LED 的阳
极相连

LED 的阴极与接地的
跳线来连接

图 5.8 没有正确连接元器件的示例

既然电路功能齐全了，接下来讨论一下电流是怎样通过电路的吧。

5.3 电流：概述

电流就是流经过某个电路的电子流。电流需要一个闭合回路。电路就是用导电线和元器件构建的一个闭合回路。电流沿着电路的路径运动，图 5.9 显示的是在刚刚构建的电路中电流的运动路径。

注释 关于电流的概述稍微简单了一些。这是为了减少说明的复杂性，使之更加适合于正在构建的小规模电子线路项目需要。对于想要全面地理解电子学或是复杂的电学理论的人来说，可能需要更深入的学习。

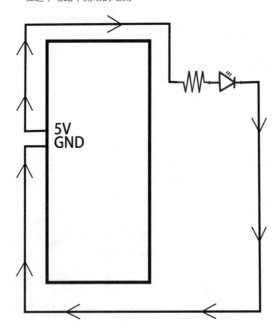

图 5.9　标示电流路径的电路图

电流是如何流过的呢?

物质可分为两种不同的类型。一种类型是导体，电流很容易流过导体。电线是用金属制成的，因为金属就是良好的导电材料。

另一种类型是绝缘体。电流是不能在绝缘体里流动的。橡胶就是一种绝缘体。

> **注释** 导体能够使电流通过，反之，绝缘体不能使电流通过。（当然还有半导体，在本书中不介绍了。）

交流电和直流电

电流有两种不同的形式，也就是交流电（AC）和直流电（DC）。来自墙壁插座的电流是交流电，而Arduino 和很多小型的电路设备以及元器件使用的都是直流电。如图 5.10 所示，交流电中，电流的方向是会改变的。而在直流电中，电流的方向只有一个。

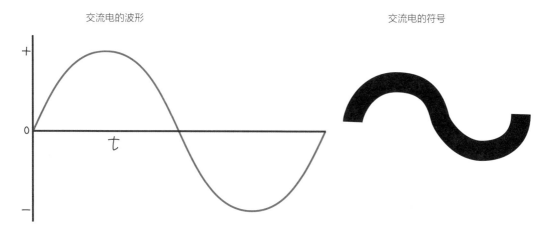

交流电的波形　　　　　　　　　　　　　　交流电的符号

图 5.10　交流电

交流电主要优势之一是能够远距离输送，而对于直流电来说，远距离输送是特别复杂而困难的事情。交流电还能比直流电更加有效地增加电压伏特数。而小规模的电路项目，例如用 Arduino 构建的电路，是不需要远距离输送电力的。

对于本书中的电路，也不需要电压很高的电流。所以本书对电流的描述大多限定在直流电当中。在接下来的几页中，我们会更深入地描述有关直流电的问题。大多数小规模电子线路项目需要使用直流电，如图 5.11 所示。

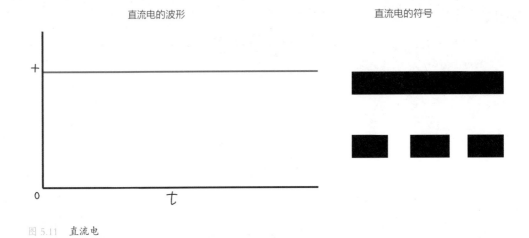

直流电的波形　　　　　　　　直流电的符号

图 5.11　直流电

> 警告：电是危险的。不要试图触碰带交流电的物体。

问题

Q：电池使用的是直流电吗？

A：是的，电池使用直流电。

Q：Arduino 使用的电力供应是交流电还是直流电呢？

A：为 Arduino 提供的电源实际上是交流电转换成的直流电源。这需要一个变压器。这本书不会涉及变压器。

5.4 理解电子学：水箱类比法

先看一下电学的 3 个主要概念：电压、电流、电阻。我们先探讨在直流电中电流是怎样工作的。交流电的工作情况和直流电稍微有所不同，在这里先不讨论它。在这一章中，我们将提供足够多的关于电学概念的知识，以便能够自主构建 Arduino 电路项目。但是，如果大家对电学和电气工程有进一步了解的兴趣的话，就需要知道本书内容以外的更多信息。

为了帮助大家理解领会电压、电流和电阻是如何相互作用的，我们将会使用常见的类比方法，也就是把电路的概念和供水系统做一下类比。如图 5.12 所示，图左边有一个电路，这个电路由一个电压电源、一个电灯泡和一个电阻组成。电流是用箭头表示的。右边是一个供水系统，这个系统包括一台抽水机、两个水箱、一台涡轮机以及把这些全部连接起来的管道。水流的方向是用箭头表示的。

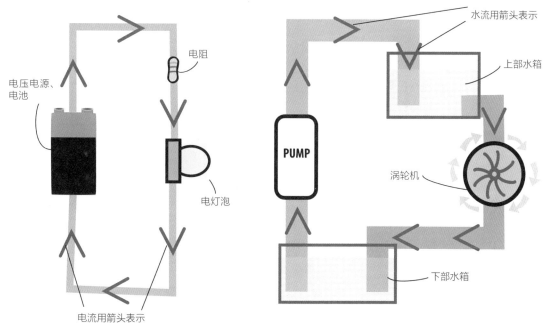

图 5.12　电路和供水系统的类比

问题

问：为什么用供水系统类比电路来理解电学概念？

答：电学概念是抽象的且很难把它进行形象化。尽管用供水系统类比来介绍电路的工作原理简单了些，但是它能够帮助我们从概念上理解它们的相互作用。

那么怎样使用供水系统类比的方法来理解电学概念呢？首先，看一下电压吧。在电路系统里，有一个电压电源，也就是电池。那么这个电池和供水系统中的哪一部分是类似的呢？

5.5 电压：电势

在供水系统里，水存在一个从上水箱落下来的势。水穿过涡轮机到达下水箱。当水到达下水箱时，水就没有了更多下落所需的势（因为它已经在供水系统的最低点了）。如果增加上水箱中的水量，就等于增加了压力，或者说是增加了水要落下的势。如果水的压力增加了，涡轮机将会转得更快，做更多的功。如果减少水箱中的水量，就会减小的水压，或者说，水落下所需要的势就更小了。因此，涡轮机将会转得更慢，做更少的功（见图5.13）。

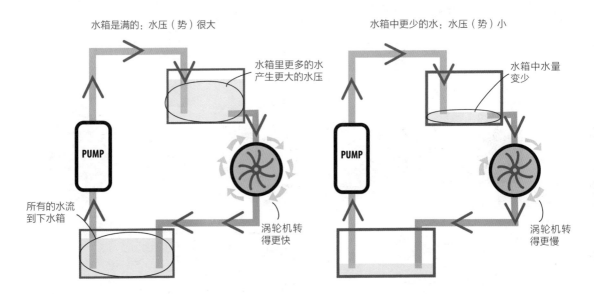

图 5.13　水压类比电压

直流电压的符号

　　这和电压有什么关系呢？在电路系统里，压力使电子从高电势区域流向低电势区域。这与水多时涡轮转得更快比较相似。在一个电路中，电压更高的电源使灯更亮（具有更高的电势）。反之，电压低的电源（具有更小的电势）使灯更加昏暗，如图5.14所示。这个电势也被称为电动势。

注意　电动势就是电流流动所需要的势。

　　这和水总是往低处流比较类似（水总是从高的地方向低的地方流）。电流一定是从电压高的点向电压低的点流动。测量电压值就是测量电路当中任意两点之间压力的差值。图5.15显示的是电路图和电学模型，上面标明了从电源到地线的电流方向。

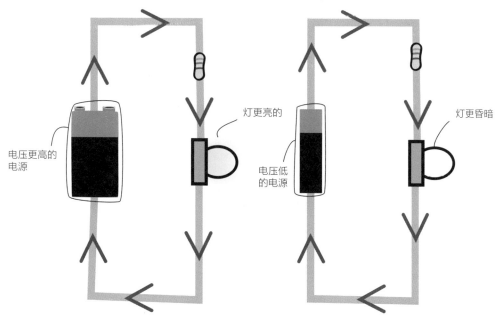

比较一下在电学模型中不同的电压电源

电压更高的
电源

灯更亮的

电压低
的电源

灯更昏暗

图 5.14　带有不同电压值的电学模型

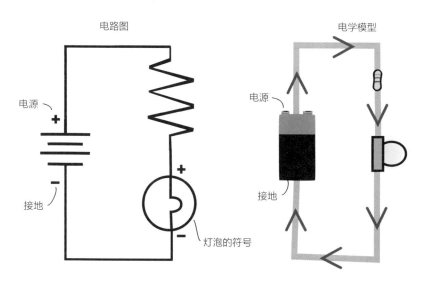

电路图

电学模型

电源

\+

接地

\-

灯泡的符号

电源

接地

图 5.15　带有电路图的电学模型

> **注意** 电压是电路中任意两点之间的电势差。

当电流经过某个电路和电路中的元器件时（从高电压值的点流向低电压值的点），电流的电势被电流经过的元器件消耗，直到电流没有了更多的势能为止。这个零点（零伏特点）也被称为接地点。接地点和供水系统中的下水箱（供水系统中的最低点）是类似的。在下水箱处，水再也不能往下落——因为水再也没有更多的势能了。这与在电路图和 Arduino 上讨论过的接地是类似的。

> **注意** 零伏特（就是电势为）被称为接地。

> **问题**
>
> 问：你所说的零伏特的接地和从第 3 章开始一直讨论的接地是同样的概念吗？
>
> 答：是的，接地是电路中相当于零电势的基准点。

对于 Arduino 来说，电压是什么？

在家用电器、电子设备、电子元器件上全部都会列出额定电压这个指标，因此我们可能对电压特别熟悉。大部分小型电子设备，例如手机充电器等，使用的是 3 ～ 12V 的直流电。

Arduino 使用的是 5V 的电压。回忆一下把电路板连接到 Arduino 的 5V 引脚的情形吧，把 Arduino 连接到计算机上时，Arduino 从计算机上获得了 5V 的电压。在电路当中，电子元器件（例如，LED）将会消耗一些电压。在电路中一直使用的电阻可以使电压值变小一些。关于这一点，我们将在这一章的后面学习到更多的内容。既然对电压比较熟悉，那么我们来看一下怎样用万用表测量电压吧。

测量电压

为什么要测量电压呢？知道电路板和电子元器件是否有电压是至关重要的。在开始检修电子设备项目时，测量电压总是首先要做的事情。我们一直使用 sparkfun 公司的万用表（产品型号 TOL-12966）。在第 3 章中介绍过，万用表有两个探针。一定要记住，在测量不同的电气性能时必须连接到正确的端口上。首先检查一下探针是否接在正确的端口上面，然后校准万用表上的刻度盘，测量电压。

测量电压

确认一下黑色探针是接在 COM(common) 端口上的，红色探针是接在万用表右侧标有 mAVΩ 的端口上的，如图 5.16 所示。然后把刻度盘转动到测量直流电压的区段。测量电压时，一定要将刻度盘的数值设置到估计电压值之上。例如，你知道 Arduino 输出 5V 的电压，那么就把刻度盘调整到 20V。

小窍门　测量电压时，把刻度盘调整到比估计的读数更大的数值。

直流电压的符号

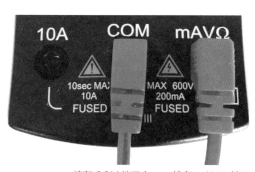

接在 COM 端口上
的黑色探针　　　接在 mAVΩ 端口上
的红色探针

刻度盘被调整
到 20V 直流电

图 5.16　测量直流电压的万用表挡位

Arduino 的输出电压是 5V，那么现在就用万用表测量一下，看是不是正确的。

拿一根跳线，把它的一端插入电路板的电源总线上，另一端则什么也不连。然后把另外一根跳线连接到地线上，另一端也是什么都不连。不要让两根什么也不连的跳线端相互触碰，那样的话将会引起短路。短路就是电流直接到达地线上，这会对 Arduino 造成损伤。你可以通过保持两个导线之间的距离来减少短路的可能性。

警告：　短路可能使电流流过非预先设定的路径，这可能使电路受到损伤。

接下来，用红色探针触碰连接到电源总线上的跳线的金属端。然后，再用黑色探针触碰连接到接地总线上的跳线的金属端。如图 5.17 所示。

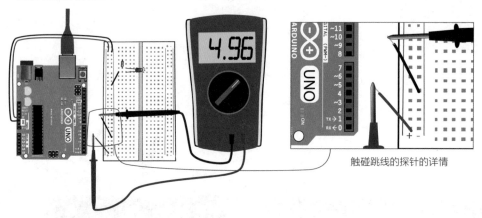

检测 Arduino 的电压

触碰跳线的探针的详情

图 5.17 测量来自 Arduino 板的电压

在万用表的仪表盘上，理论上可以看到数值 5。不过实际上这个数值可能是更低一些。我们读到的数字是 4.96。这轻微的差额一定是和面包板、元器件以及 Arduino 内部电路的电阻有关。

如果仪表盘上显示的是负值，那又是怎么回事呢？这种情况可能是探针接反了。也就是用红色探针触碰了连接地线的跳线，用黑色探针触碰了连接电源总线的跳线。那么这时把探针互换一下，就可获得正确数值了。

如果在仪表盘上看到数值 1 了，那么很可能是万用表刻度盘被设置成不正确的值了。这时只要顺时针转动刻度盘将其电压数值设置到下一挡就可以了。这样就可以读出一个精确的数值了。

> 小窍门 如果万用表显示异样的数值，那么检查一下是不是万用表电压刻度比所要测量的电压更大。如果读出了负的数值，那么互换一下探针的位置就可以了。

在测量完电压之后，立即拿掉跳线（避免让它们相互触碰而发生短路，造成意外）。我们将要测量连接在电路中的各个元器件的电压。

> 警告 当不用万用表时，不要忘了把它关掉。否则，电池的电量就会耗尽。

测量元件的电压

现在我们将测量电阻和 LED 的电压。这使我们知道每个元件占用多少电压。把万用表刻度盘设置到 20VDC 的位置。Arduino 则仍然连接到计算机上由其提供电源。用红色探针触碰被连接到跳线的电阻的一端（跳线连接到电源总线上），用黑色探针连接到另一端。如图 5.18 所示。我们在万用表显示屏上看到了什么呢?

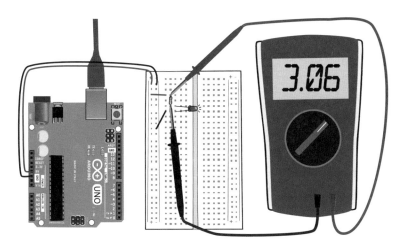

图 5.18　测量电阻的电压

现在用红色探针触碰 LED 的阳极，用黑色探针触碰 LED 的阴极，看一下 LED 正在占用多少电压。图 5.19 显示的是连接到电阻和 LED 的导线的万用表探针的详细情况。

测量电阻电压时，触碰电阻的探针的详细情况

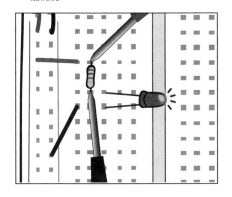

测量 LED 电压时，触碰 LED 的探针的详细情况

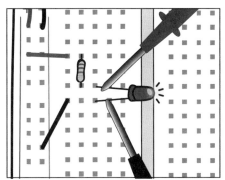

图 5.19　测量电压的详细情况

在万用表的显示屏上读出的电阻的电压为 3.06，红色 LED 的电压为 1.86。这些数字也会有所不同，这部分取决于使用的 LED 的颜色。不要担心，这些数值加起来不会超过 5V。仪表上显示的数值是 LED 正在使用的电压的数值。测量像这样的元器件的电压，称为测量电压降。电压降是被一个元器件消耗的电压的数值。

电压降

如果电压降是被一个元器件消耗的电压的数值，那么对整个电路来说这意味着什么呢？电路中的每个元器件将消耗由电源提供的电压的一部分，一直到消耗完全部电压。如图 5.20 所示。如果只连接一个元器件（例如，如果只连接 LED，而没有连接电阻），那么整个电压就会加载在一个元器件上并且将其烧坏。如何在不损伤元器件的情况下，测量一个元器件的电压数值呢？还能想起在第 2 章"你的 Arduino"中讨论过的数据表吗？那个数据表中相关的信息，已经向大家展示了测量电压降的方法。但是在本章后面的部分，也将论及怎样预先估计电压数值的问题。

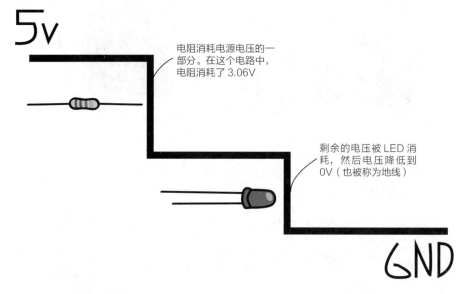

电阻消耗电源电压的一部分。在这个电路中，电阻消耗了 3.06V

剩余的电压被 LED 消耗，然后电压降低到 0V（也被称为地线）

图 5.20　将电压降变得形象化

注释 电压降是一个元器件所消耗的电压数值。在电路中的各个元器件都将消耗部分电压。

问题

问：当检测元器件两端的电压时，到底测量什么呢？

答：进入某个元器件的电压数值和在另一端出来的电压数值在万用表上显示的是不一样的。这能够使我们看到该元器件消耗了多少电压。

问：穿过某个元器件的电压降是与该元器件消耗了多少电压有关吗？

答：有关，就像用仪表测量元器件时看到的那样，每个元器件都消耗整个电路系统中总电压的一部分。

问：如果电路中的元器件没有消耗完所有的电压，那将会是怎样呢？

答：元器件总是会将提供的电压消耗完。如果提供更高数值的电压，这些元器件消耗的电压数值将会升高到更高的数值。

既然已经知道电压是什么，并且知道怎样测量电路中的电压，那么就回到水箱类比法当中看一下有关电流的问题。

5.6 电流：流程

在水模型中，如图 5.21 所示，可以测量流经管道的水量。测量特定时间内通过特定点的水量，人们通常称之为水流，即在给定时间内流过某点的水越多，水流越强。

直流电源的符号（安培）

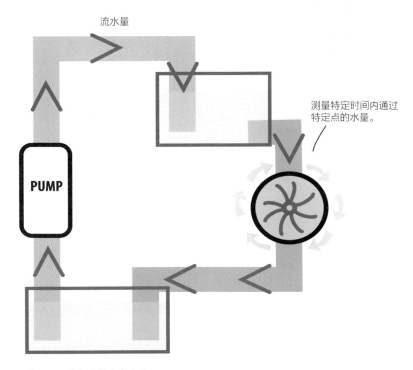

图 5.21　将电流类比成水流

电流与水流非常相似。电流是每秒通过电路的电量。电流以安培（也称为安，符号 A）计量，这就是称电流为安培数的原因。电流需要一个完整的闭环电路才能流动。 如果电路不是一个完整的闭环（假设电路中有断开），那么电流为零。 电路模型中的电流如图 5.22 所示。

> **注意** 电流用安培（A）计量，即指每秒钟经过的电荷数。

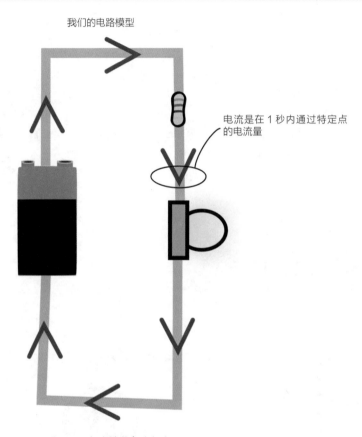

我们的电路模型

电流是在 1 秒内通过特定点的电流量

图 5.22 电路模型中的电流

电源的额定电流

可以通过查看电源底部的输出额定值以及其他信息来检查电流（以及电压）的额定值。该额定值表示电源可产生的最大电流量。图 5.23 显示了电源底部的输出额定值。（建议购买额定电流为 500mA ～ 1A 的电源，电压为 9 ～ 12V 的电源。）

有关电源电气特性的信息通常
位于设备的底部

这个电源的输出是 1000mA，或者
1A 和 9V 直流电

图 5.23　电源底部的输出额定值

> **注意** 电子元器件不能强制接通比额定值更大的电流。

Arduino 的流量限制是什么？

　　Arduino 板的电流输入限制为 1A。 建议购买额定值为 500mA（0.5A） ~ 1000mA（1A）的电源。 将 Arduino 连接到计算机的 USB 线将提供 500mA（1/2A），这足以运行 Arduino 板，而比一个放大器的额定值更高的电源可能会损坏 Arduino。

　　Arduino 只能在每个 I／O 引脚输出 40mA。 还有其他电子元器件可以帮助 Arduino 覆盖更高的电流应用，但 40mA 足以为本书中讨论的组件供电。

> **注意** Arduino的最大输入电流是1A。 Arduino上的I／O引脚最大输出电流40mA。

　　现在看看如何用万用表测量电流。

测量电流

　　要测量电流，必须拉出电路中某个元器件的导线，如图 5.24 所示，以将万用表连入电路，并使其成为电路回路的一部分。图中电路拉出了 LED 的阳极。记住，当对电路进行调整时，确保电路没有连接电源。

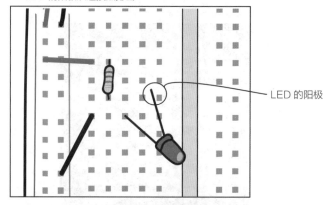

LED 的阳极从连接点排出

LED 的阳极

图 5.24　拉出 LED 的阳极，准备用万用表测量电流

调整多功能表

需要设置万用表的刻度盘以测量 200mA 的直流安培数。就像测量电压时一样，测量电流时，选择一个大于估计值的量程——在没有移动探头的情况下，200mA 是万用表的最大安全电流值（稍后会介绍）。由于没有使用任何像电动机这样的高电流元器件，因此可以放心，200mA 是安全量程。因此，将万用表的探头插入相同的端口，如图 5.25 所示。

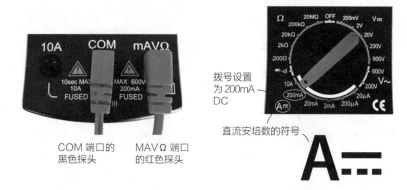

拨号设置为 200mA DC

直流安培数的符号

COM 端口的黑色探头

MAVΩ 端口的红色探头

图 5.25　用于测量电流的万用表设置

现在已经正确设置好万用表并准备好连入电路，接下来，拿起仪表的红色探针，并触碰电阻的引脚（靠近 LED 的那一端），然后将黑色探针连接到 LED 的阳极，如图 5.26 和图 5.27 所示。此时 LED 应该亮起来，因为万用表现在是电路闭环的一部分。由于将万用表连入电路中，所以会显示电流（也就是安培数）。 万用表读数为 14mA。多次测量读数可能稍有不同。

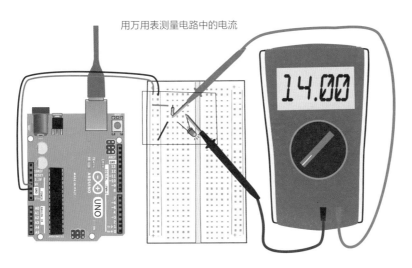

用万用表测量电路中的电流

图 5.26 测量电流时，万用表探针的连接方式

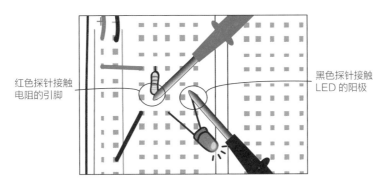

红色探针接触
电阻的引脚

黑色探针接触
LED 的阳极

图 5.27 探头连接的细节展示图

> 警告 测量安培数更高的电流时要小心!

只要测量的电流量相对较小（例如在电路中测量的 14mA），将红色探头插入万用表的 mAVΩ 端口即可。但是，如果测量更强的电流（超过 200 毫安），则需要做两件事来避免烧毁万用表：

▓ 将万用表的拨号盘设置为 10A。

▓ 将红色探头从 mAVΩ 端口移至 10A 端口。

如果你忘了做这两件事，额外的电流可能会损坏仪表。建议不要测量高于 200 毫安的电流。

将红色探头保持在 mAVΩ 端口是一个很好的主意，这是用于测量大部分电气特性的正确端口。

5.7 电阻：限流

观察图 5.28，看一看如何用水类比理解阻力。在水管系统中，如果管道可以更宽的话，会有更多的水可以流通。反之，如果管道比较窄的话，那水流就会更少一点。可以说阻力，或者流量的限制，在更狭窄的管道更大。如果系统的阻力越大、管道越窄、涡轮转动得越慢，工作就越少。

管道越宽，阻力越小

管道越窄，阻力越大

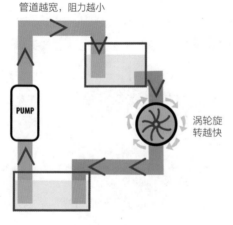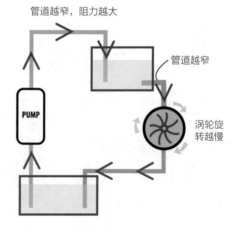

图 5.28　用水模型类比电阻

在电路中，电阻相当于狭窄的管子，因为它们限制了电子的流动。在图 5.29 所示的电气系统图中，左图中只有一个电阻，所以灯光很亮。在右图中有 3 个电阻，从而产生更大的电阻值，灯光不那么明亮。

电阻欧姆符号

电阻的单位是欧姆，用右边图示的符号表示。本章后面部分将讨论欧姆与其他电特性的关系，但目前只要电阻有一个值，表明它与电流的关系如何。

电模型中的电阻

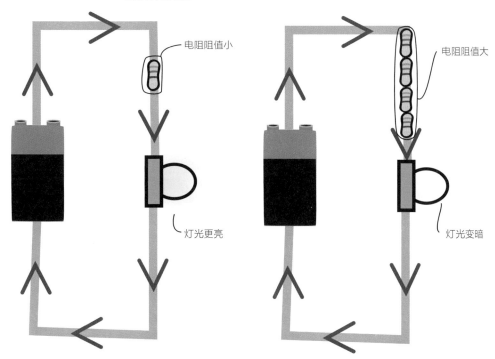

图 5.29 电气模型中的电阻

正如在本章中所看到的，电路中的电压和电流是与构成电路的元器件的电阻。电子元器件对电力尖峰很敏感。另外，如果有电压源对元件来说太大的话，可能会损坏元器件。那么该如何保护电路中的电子元器件呢？答案是电阻。图 5.30 显示了一组 220 Ω 电阻。用电阻保护 LED，匹配 Arduino 的 5V 电压。

电阻可以用来控制电路中的电流。已经完成了需要 220 Ω 电阻的电路，但是书中的电路需要不同的电阻。如何辨别任何一个指定的电阻有多大的阻值？有几种方法，先看如何用万用表测量电阻。

图 5.30　一组电阻

用万用表测量电阻

现在要测量 220Ω 的电阻。

万用表黑色探头应在 COM 端口，红色的探头应在 MAVΩ 端口。

移动表盘以便测量电阻。在这个例子中，可以设置拨号到 2kΩ。正确的配置如图 5.31 所示。

这是选择的端口，与测量电压和低电流相同

电阻符号

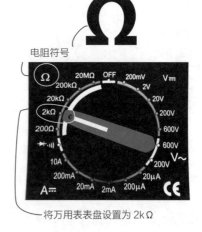

将万用表表盘设置为 2kΩ

图 5.31　设置万用表测量电阻

在测量电压时，我们了解了该如何设置量程。当测量电阻时，也需要设置量程。已知电阻是 220Ω，所以必须把刻度盘设置成大于 220Ω 的值，200Ω 的量程太低了，应拨选到 2kΩ；既然已经设定好了刻度盘，并且也知道探头正确的位置，就可以开始测量电阻了。使万用表中的探针接触电阻的两端，如图 5.32 所示。需要使万用表的探针与电阻的两个引脚牢固接触，可以把串阻平放在桌子上。万能表显示的值是多少？显示器显示的值接近 0.221，单位是 kΩ，0.221k 实际上等于 221Ω。

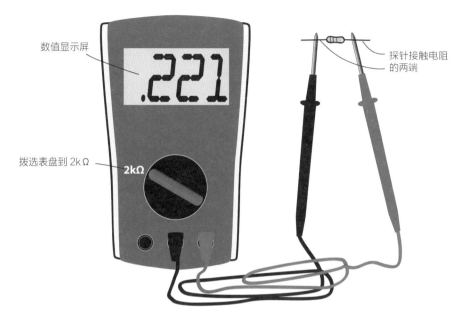

图 5.32 用万用表测量电阻

电阻的值将显示在万用表显示屏上。图 5.33 显示的电阻值为 0.221kΩ。

图 5.33 显示电阻值的万用表显示屏

为什么这个值与电阻额定的 220Ω 略有不同？这是因为电阻有一个误差值，它影响了电阻阻值的准确性。在 Arduino 项目中使用的电阻的实际值可以与标注的额定值之间有 10% 的大小差异。一般来说，你所使用的电子元器件都不够灵敏，所以不用担心这些误差。

电阻还可以用一组色环来表示它们的阻值和精度。附录介绍了如何通过色环读取电阻的阻值。

问题

Q：电压、电流和电阻与 Arduino 有什么关系？

A：当使用 Arduino 搭建电路时，你需要了解电路知识。如果能够理解电压、电流和电阻是如何工作的，它将帮助调试电路并最终构建更复杂的项目。

5.8 电压、电流、电阻：回顾

再一次查看水电类比图（如图 5.34 所示），然后快速回顾一下刚刚学习到的电气属性，每个测量的单位以及用于表示的符号。

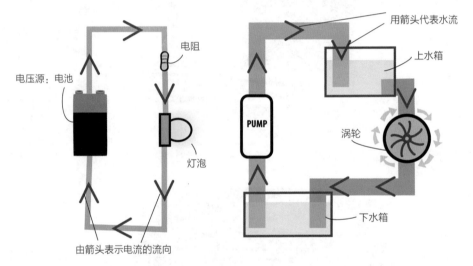

图 5.34　水电类比

表 5.1 回顾电路参数及其符号和单位。

表 5.1　电性能

名称	描述	单位	符号
电压	电势差，或者电位差	伏特（V）	U
电流	单位时间内通过导体任一横截面的电量	安培，或者安（A）	I
电阻	物体限制电流量的能力	欧姆（Ω）	R

在电路中，电流、电压和电阻是相关的。如果在一个系统中有电流，那么就必然存在电压和电阻。让我们研究一下当只减少其中一个属性时会发生什么情况。

记住电压是电路中自由电荷定向移动形成电流的原因。电压的方向规定为从高电位指向低电位的方向，直到达到电位数值为 0 的状态，也称为地面。如果在电路中放置相同的 LED 和电阻，用 3.3V 电压代替惯用的 5V 电压，LED 就不会那么亮了。如果继续降低电压，那么 LED 将继续暗淡，直到它最终熄灭。

直流电压符号

电流

电流是电路中电子流动的特性，电流驱动电子元器件。如果电路没有足够电流，会发生什么？没有足够的电流，就没有足够的电子使元器件运转。就好比当你有一个装有电池的手电筒时，电池的电流太小，无法使手电筒亮起来一样。如果通过增加电阻的方式减少电路中的电流，一旦无法达到 LED 打开所需的最小电流，LED 就会突然关闭。

直流电流的符号

电阻

电阻是一种物质限制电流的属性。如果电路电阻太小，电流就可能会烧坏元器件。为了保护电路中的电子元器件，经常使用电阻器来逐渐增加电阻值来限制电流量。

欧姆电阻符号

电子元器件如何受到电特性改变的影响？

快速了解一下电子元器件是如何受到表 5.2 中电特性变化的影响的。

表 5.2　电特性变化对元器件的影响

零件	图片	电压	电流	电阻
LED		电压降低时，LED 会变暗，电压升高时会变亮；电压过大时，LED可能会烧坏。	LED 只需要很小的电流即可工作。然而，电流降低过多会使LED 关闭。	LED 的阻值较小。
电阻		电压经过电阻时转变为热量。电压越大，产热越多；电压越小，产热越少。	电阻限制了电路中的电流大小。	电阻值取决于电阻的额定值。查询附录，学习如何通过电阻色环来识别电阻值。
电池		电池为高点和零点电压（也就是地面电压）建立了电压等级。	电流来自电池。电流值根据与电池连接的元器件以及它们所需的电流量而改变。	电池不是较好的导体，但是它的阻值很小，在本书电路中它的阻值可以忽略不计。

现在开始学习电压、电流和电阻是如何按照欧姆定律相互作用的。

那么，电压、电流和电阻如何相互作用？

欧姆定律

电压、电流和电阻关系可以通过一个叫作欧姆定律的公式概括。如图 5.35 所示，欧姆定律指出，在给定的电路中，电压（以 V 为单位）等于电流（以 A 为单位）乘以电阻（以 Ω 为单位）。

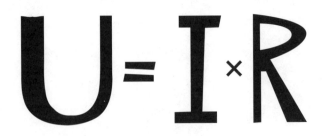

$$U = I \times R$$

电压以 V 为单位　　　　　　电流以 A 为单位　　　电阻以 Ω 为单位

图 5.35　欧姆定律

这个等式告诉我们，不管电压（V）多大，只要电阻值高，电流就会受到限制。所有电线都是如此。

零基础学电子与Arduino：给编程新手的开发板入门指南（全彩图解）

欧姆定律的一个好处是，如果知道其中两个属性，就可以计算出第三个属性的值，如图 5.36 所示。

如果已知两个属性，就可以计算出第三个属性

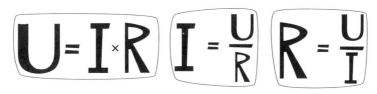

图 5.36　欧姆定律的不同排列

电路中的欧姆定律

现在你已经知道了欧姆定律，但它将如何帮助你设计电路？可以使用欧姆定律确定在电路中需要的电阻值。还可以将欧姆定律应用于安全检查，以确认流经器件的电压和电流值低于这些元器件的额定值。

例如，如果电路中有一个 220Ω 的电阻，并且有 20mA（等于 0.020A）通过电路，可以用欧姆定律计算出通过电阻的电压值。图 5.37 显示了计算过程。

$$U = IR$$
$$U = (0.020\,A) \times 220\,\Omega$$
$$U = 4.4\,V$$

图 5.37　欧姆定律的应用

欧姆定律的应用

欧姆定律还可以用在哪些地方呢？假设你想建立两个电路，每个都包含一个 LED 和一个电阻。你将在 Arduino 上使用一个 3.3V 的引脚来为一个电路供电，而另一个则使用 5V 的引脚（回想一下，Arduino 可以提供任何电压值的电压）。在电路中使用的 LED 需要用 2.2V 的电压来充分发光，并需要 25mA 或者 0.025A 的电流。由于这两个电路之间的电压差，需要在每个电路中使用不同的电阻来保护 LED。两个电路中各需的电阻值为多少？

已知两电路中通过 LED 的电压均为 2.2V，将提供的电压值（3.3V 和 5V）和 2.2V 相减，得到差值即对应每一个电阻将通过的电压值（见图 5.38）。

电路一的计算式

3.3V – 2.2V = 1.1V

电路二的计算式

5V – 2.2V = 2.8V

图 5.38　确定电压值

现在可以使用欧姆定律计算，在规定电压值且流经电阻的电流为 0.025A 时，用于保护 LED 所需的电阻值（见图 5.39）。

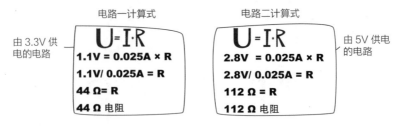

由 3.3V 供
电的电路

$$U = I \cdot R$$
1.1V = 0.025A × R
1.1V/ 0.025A = R
44 Ω = R
44 Ω 电阻

$$U = I \cdot R$$
2.8V = 0.025A × R
2.8V/ 0.025A = R
112 Ω = R
112 Ω 电阻

由 5V 供电
的电路

图 5.39   用欧姆定律计算

5V 的电路所需电阻值比 3V 电路高。欧姆定律展示了电路中所需的电阻值是如何根据提供的电压而更改的。欧姆定律可以确保帮助你为元器件提供适当的电流。

在电路中排列元器件

如何在电路中排列这些元器件？电路必须形成一个完整的回路。有些元器件相邻，有共同的电位点，有些则是首尾相连的。这些安排用意何在，它们对电路中的电性能有什么影响？

5.9 并联和串联电路中的元器件

看一下电路中元器件的排列顺序。先看并联。

电路中元器件的顺序：并联

将元器件平行地放置在一起，并共享相同的电位点，如图 5.40 所示。电流沿每条路径流经平行排列的元器件。

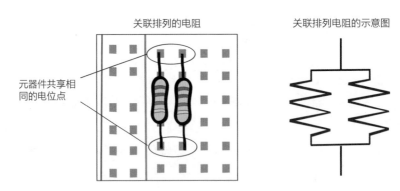

关联排列的电阻   关联排列电阻的示意图

元器件共享相
同的电位点

图 5.40   并联排列的电阻

电路中元器件的顺序：串联

相反，串联的元器件一个接一个地排列连接，如图 5.41 所示。到目前为止，本书所构建的电路都是串联排列的——所有电流先流过电阻然后流入 LED。

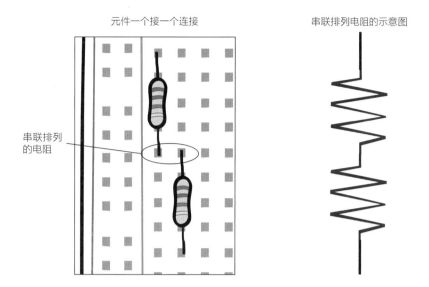

元件一个接一个连接   串联排列电阻的示意图

串联排列
的电阻

图 5.41   串联排列的电阻

为了准确地了解串联元件和并联元件，将展示如何将另一个 LED 添加到原本的基本电路中，首先是并联的，然后是串联的。接着测量每个 LED 上的电压。

电路中有两个并联的 LED

添加这个 LED，使其与第一个 LED 平行，如图 5.42 所示。并联元件的排列意味着这些元器件与同一个电位点相接。可以认为这些元器件彼此相邻。看一下并联排列的 LED 电路的电路设计示意图。可以看到电阻一端连接到 5V 电压，另一端与两个 LED 均相连。

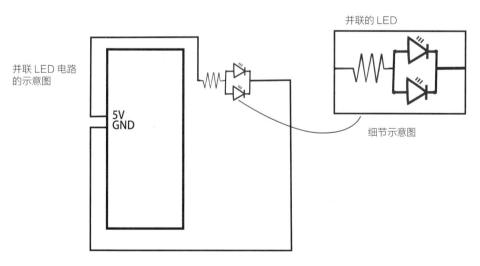

并联的 LED

并联 LED 电路
的示意图

5V
GND

细节示意图

图 5.42   并联 LED 电路的示意图

在电路中接入第二个 LED

为创建此电路，在面包板上添加第二个 LED，使得两个 LED 的阳极位于同一行相连的连接点上，阴极位于不同的单列相连的连接点上。现在两个阳极都连接到电阻的一端，而两个阴极由一根跳线与地面相连，如图 5.43 所示。记住在对电路进行任何更改之前，先断开与计算机的连接。

第二个 LED 已添加进电路，可以检查电路中的电压了。

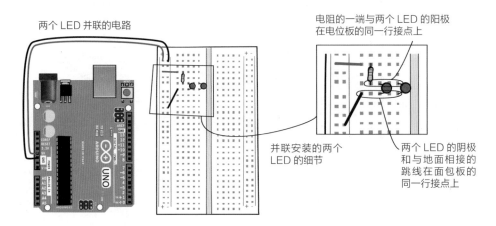

两个 LED 并联的电路

电阻的一端与两个 LED 的阳极
在电位板的同一行接点上

并联安装的两个
LED 的细节

两个 LED 的阴极
和与地面相接的
跳线在面包板的
同一行接点上

图 5.43　添加第二个并联的 LED

测量并联 LED 上的电压

当把 LED 正确放置在面包板上后，重新连接计算机与 Arduino。接下来，把万用表上的刻度盘设置为 20V。然后将红色探针置于一个 LED 的阳极上，黑色探针置于同一 LED 的阴极上，如图 5.44 和图 5.45 所示。

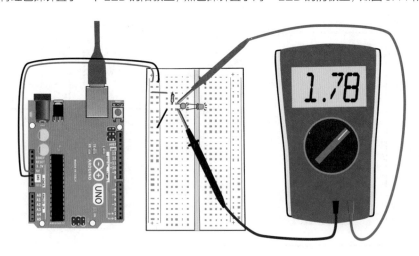

图 5.44　测量某个并联元器件的电压

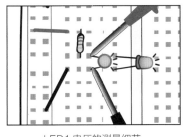
LED1 电压的测量细节

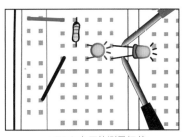
LED2 电压的测量细节

图 5.45 测量 LED1 和 LED2 的电压

仪表上显示的红色 LED 的数据大约为 1.78V（如果实际数据不一致，那是因为使用的 LED 的额定值与电路中原有 LED 不同）。测量了一个 LED 上的电压后，检查另一个 LED 上的电压，如图 5.45 所示。如果使用完全相同的 LED，那么这两个 LED 的电压应该也是完全相同的。不需要测量电阻上的电压，因为它和原基础电路的电压值是一样的。

注意 在平行情况下，两个LED获取相同的电压。

并联使用万用表

注意到 LED 共享同一个电位连接点，万用表也是。当使用万用表来测量电压时，万用表是与被测元件处于并联的（见图 5.46）。

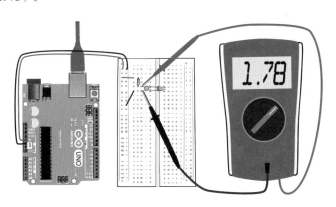

图 5.46 万用表与 LED 并联

注意 测量电路中电压时需将万用表与被测的元件并联相接。

元器件并联：对电压有什么影响？

已知并联元器件共享相同的电位连接点。从电路的起点到终点，电流将流过一切可能的路径。正如电压的测量，相同的电压将通过所有并联元器件（见图 5.47）。

即使电路中出现大量的 LED，所有并联的 LED 的电压值都是相同的

通过所有 LED 的电压值相同

图 5.47　许多并联的 LED

如果想让 LED 发光亮度一致，可以将 LED 并联相接，以获得同样的电压，而不会随安装的 LED 数量而改变。然而，不能通过 Arduino 同时点亮太多并联的 LED，因为 Arduino 提供的电流被限制了。

> 注意　同样的电压会通过并联的所有元器件。

构建一个双 LED 串联电路

现在要调整电路，放置 LED，可以构成串联的排列方式。串联元器件一个紧接着一个地连接。通过图 5.48 可以很容易地看出这一点，在图 5.48 中，两个 LED 一个接一个地连接；事实上，电阻也在这个串联排列中。大多数电路是由串联和并联方式排列的器件组合而成的。

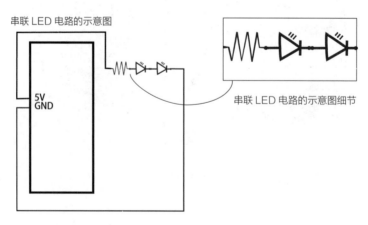

串联 LED 电路的示意图

5V
GND

串联 LED 电路的示意图细节

图 5.48　串联 LED 电路的示意图

　零基础学电子与Arduino：给编程新手的开发板入门指南（全彩图解）

从计算机上拔掉 Arduino。要将第二个 LED 与第一个 LED 串联，需要把第二个 LED 的阳极（长脚）与第一个 LED 的阴极（短腿）放在同一行的接点上。将第二个 LED 的阴极置于单独的一行接点上。把与地面相接的跳线移至与第二个 LED 的阴极处于同一行的接点上，如图 5.49 所示。（记住，电路必须是一个完整的循环才能工作。）

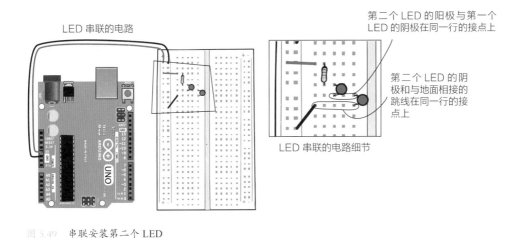

图 5.49　串联安装第二个 LED

调整好电路，准备测量。

测量串联元器件的电压

测量串联元器件的电压与测量并联元器件的电压大致相同。把 Arduino 连接到计算机上，LED 都会亮起来。设定量程为 20V，红色探针放置在一个 LED 的阳极上，黑色的探针置于同一 LED 的阴极上，如图 5.50 所示。读出的电压值应该为 1.77V。接下来，测量另一个 LED 上的电压；结果应该与第一个 LED 测量得到的结果相似。最后，测量电阻上的电压（我测的值是 1.38V）。图 5.51 展示了电路中元器件的测量细节。

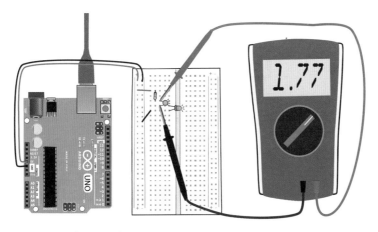

图 5.50　测量串联元器件的电压

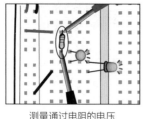
测量通过电阻的电压

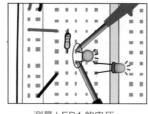
测量 LED1 的电压

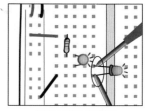
测量 LED2 的电压

图 5.51　测量电路的细节

问题

问：为什么串联电路和并联电路的电压值都很相似？

答：虽然并没有出现可能在其他电路中出现的串联和并联的电压值有很大不同的现象。但重要的是展示这些元器件排列方式的区别，了解电流是如何在这些电路中流动的，以及帮助你们更熟练地使用万用表。

元器件串联：对电压有什么影响？

在电路中，电流在到达第一个 LED 之前必须通过电阻。正如在万用表测量中所看到的，在通过各个元器件时会消耗掉电压。虽然每个 LED 上的电压与基础电路中的 LED 上的大致相同，但电阻上的电压值下降了。在这个串联的例子中，由于电路中的两个 LED 需要消耗电压，所以电阻消耗的电压较少（注意，电阻的值没有变化，但由于每个 LED 现在都需要消耗电压，电阻仅消耗总电压的一小部分）。图 5.52 表示电路中的电压。每个电压值都是根据欧姆定律调整的，并可以用万用表测量。

为了降低进入元器件的电压值，通常需要将电阻与其他元器件（如 LED）串联起来。

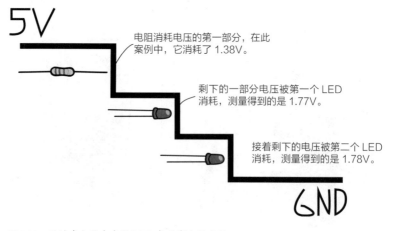

图 5.52　通过在电路中串联 LED 来观察电压变化

由于串联电路中每个额外增加的 LED 都会使所有的灯光变暗，因此不太可能把多个 LED 串联起来。旧款的节日灯串，如图 5.53 所示，是被设计成串接相接的灯的实际例子。串联的后果是，如果一个灯泡烧坏了，整个灯串都会熄灭。为了避免这个问题，现在的灯串已经重新设计了。

圣诞节灯串通常是串联的

图 5.53　圣诞彩灯，以串联方式相接

万用表串联相接

在测量基础电路中的电流时，还记得要先拔出 LED 的阳极吗？然后把万用表插入电路中，接触电阻的一端和 LED 的阳极，就完成了电路。在这个排列中，万用表与电阻、LED 串联在一起。万用表在测量电流时必须是串联的，因为这样不会改变电流的值（见图 5.54）。

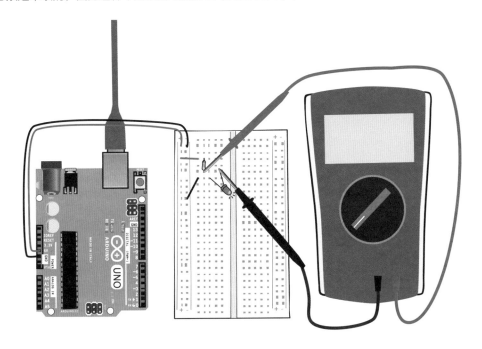

图 5.54　测量电流时万用表与其他元器件串联

表 5.3 展示了串联和并联元器件对电特性的影响。

表 5.3 串联和并联元件对电特性的影响

对电特性的影响	元器件串联	元器件并联
对电压的影响	每个元器件消耗部分电压	同样的电压会加载在所有的并联元器件上
对电流的影响	相同的电流流过所有串联元器件	电流基于各个元器件的电阻值被分割
对电阻的影响	总电阻值等于所有元器件电阻值的总和	当元器件并联时，总电阻值减少

5.10 总结

通过学习欧姆定律，你已经了解了电压、电流和电阻，以及它们之间是如何相互作用的，并且知道如何用万用表测量这些特性。还了解了如何以串联和并联的方式连接元器件。在第 6 章中将返回到 Arduino 项目并获得更多的编程实践。

第6章 开关、LED 及其他

6

本章将学习如何使你创建的项目具有交互性。首先，增设一个用来开关 LED 的按钮。然后，在 Arduino 上连接一个扬声器并通过程序同时控制声音和灯光。最后在能演奏出简单曲调的键盘乐器的程序中增加两个按钮。贯穿这些项目的学习，你将了解更多关于 Arduino 编程的知识。为实践本章所讲到的内容，你需要安装 Arduino IDE，知道如何将面包板与 Arduino 相连接，并能够熟练写出设计稿，将其上传至 Arduino 平台。

6.1 交互性

第 4 章"Arduino 编程"已经讲过如何将 Arduino 平台与面包板相连接，从而创建一个使 LED 以 SOS 模式点亮的电路。LED 会一直以同样的模式反复不断地点亮、熄灭。

如果能设计出一个可以对用户操作做出响应的线路，是否更加难得？

本章就可实现这一突破，你所需要的是打造一个带有三个按钮的迷你键盘乐器、一个扬声器和一个 LED。扬声器会根据所按下的按钮发出不同的音调，这样就能播放曲子了。而无论何时按下任一个按钮 LED 都将亮起。从由一个 LED 和一个按钮创建电路开始。图 6.1 所示的是设计完成的电路。

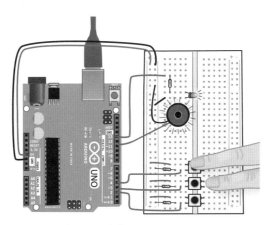

图 6.1　三音阶按钮键盘

正如第 4 章中所讲过的，所设计的产品最终将囊括一个 Arduino 平台和一个将代码写入 Arduino IDE 的电路实验板。本章将一步步来复习如何组装电路以及学习程序中所用到的代码。本章还将进一步解读电路图。该产品使用的是数字输入与输出。第 5 章中用到了数字输出和 LED。在开始创建之前，先来深入学习何为数字输入、数字输出。

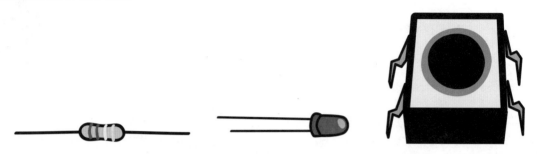

6.2 概述：数字化的输入与输出

以大家平时用的计算机为例：如何向计算机中输入信息？你可能会用到鼠标和键盘。鼠标和键盘都是计算机的输入设备（见图 6.2）。同理，Arduino 平台也可接入不同的输入设备。本章所要接入的输入设备就是按钮。

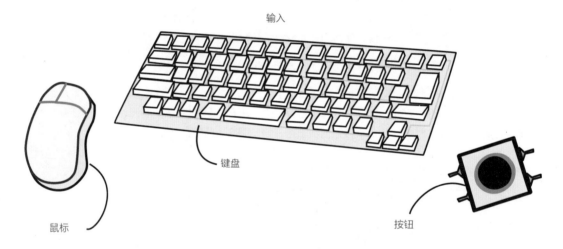

输入

键盘

鼠标

按钮

图 6.2　通用输入设备

而输出指的又是什么呢？还是以计算机为例：你的计算机可能也连接了扬声器（音响），或者一台显示器，抑或是一台输出机。它们都是典型的输出设备（见图 6.3）。Arduino 平台也可以接入各种不同类型的输出设备。

现在，假设作为元器件的数字输入和输出设备都只有两种状态：开和关。输入设备向计算机发送信息，而输出设备接收来自计算机的信息。有关输入和输出，本章将在后面作详细阐述。

输出设备

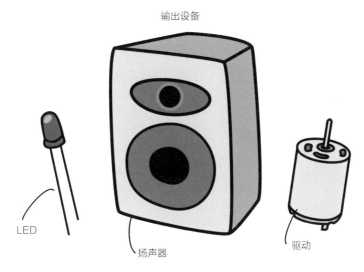

LED

扬声器

驱动

图 6.3　通用输出设备

在创建电路之前，先看看按钮或开关的电路图，这样会帮助你理解数字输入设备的工作原理。

开关

启动电子设备或打开开关的方式有上百万种。电视、音乐设备、灯以及厨房电器，都是通过开关或类似开关的设备来控制的。那么开关的原理是什么？

所有开关的基本原理都是一样的："闭合电路"时开启；"断开电路"时关闭。如图 6.4 所示，当开关闭合时，电流就能流通；而当开关断开时，电流则不能通过。

闭合的开关：电流能够流通　　　　　　　断开的开关：电流不能在电路中流通

图 6.4　图解开关

就像所有数字输入设备一样，开关有且只有两种状态：开和关。在 Arduino IDE 中，开、关对应的状态分别是高和低。（回想第 4 章中讲过的 SOS 电路是如何实现的，当设置开关为"高"时灯会亮，而设置开关为"低"时灯会灭）键盘上的每一个按键本质上都是一个开关，它们原本是断开，即关闭的状态，而当按下这些按键的时候，就会闭合电路，从而打开开关。

按钮是开关的一种。此电路所要用到的是瞬时按钮开关，当按下这种开关时，电路就会闭合。而松开手的时候，电路就会断开。

6.3 数字化输入：增加一个按钮

现在就来把所有元器件整合到一起，连通一个带有按钮开关的电路！所需要的元器件有：

▨ LED，1 个

▨ 220Ω 的电阻（色环为红色、红色、棕色、金色），1 个

▨ 10kΩ 的电阻（色环为棕色、黑色、橙色、金色），1 个

▨ 瞬时按钮开关，1 个

▨ 跳线若干

▨ 面包板

▨ Arduino Uno 开发板

▨ A 型和 B 型接口的 USB 数据线

▨ 安装有 Arduino IDE 软件的计算机

图 6.5 所示的是电路完成之后面包板的样子及其电路原理。其中，电路原理图带有一些新的标注，和前面出现的有所不同，接下来我们将详细解释。

安装完成后的线路，接通电源

带有按钮的电路的原理图

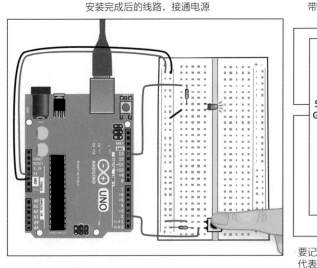
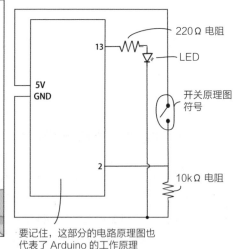

图 6.5　LED 按钮电路

进一步了解复杂的电路原理图

该电路的原理图遵循了一些你之前未曾了解的规则。

原理图下方的小圆圈表示引脚 13 上的 LED 的负极（谨记：cathode 是 LED 的短导线或负极）与连接开关一端的电阻接至同一个地线。在电路图中，实心的小圆点通常指的是电路的连接点。

随着电路原理图复杂程度的提升，其中会有越来越多彼此并不相连的导线。为了表示图中两条相交的导线事实上并未相连，需要在相交处将导线画为半圆形，就像图 6.6 右侧的细节图所展示的一样。

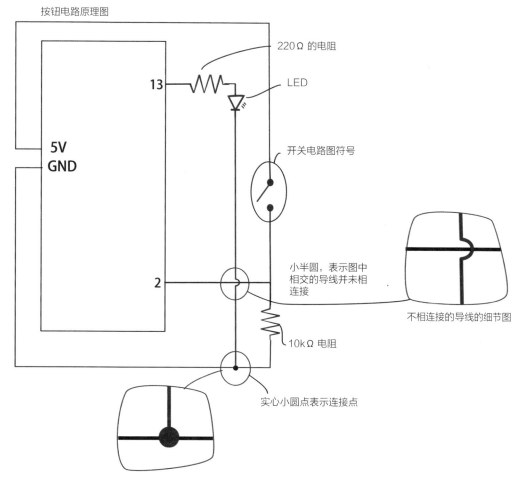

图 6.6　电路图

构建有按钮的电路

在电路中添加按钮之前，需重新创建依据第 4 章 LEA4_Blink 程序创建并使用过的电路图。如图 6.7

所示。在此简单概述一下操作方法。顺着每一步进行并逐步检查：

1. 将 Arduino 的电源与地线分别与电路板的电源总线和地线总线相连接。

2. 将 Arduino 上引脚 13 伸出的跳线，与电路板上的一排导线接点相连。

3. 将一个 220Ω 的电阻同样连接至上面提到的那一排导线接点。

4. 将 LED 的正极连接到电阻的另一端，而将负极跳接至地线。

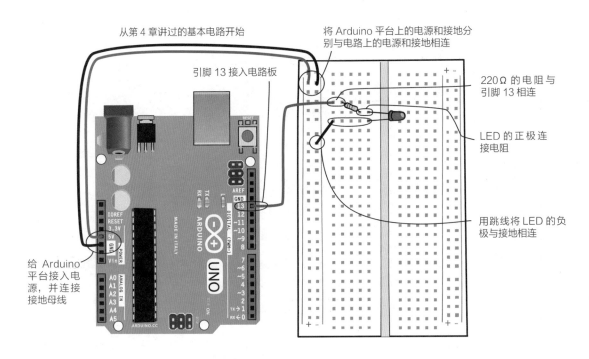

图 6.7　复习第 4 章讲过的基本电路

添加按钮

要安装的按钮是一个通过按压来操作的开关（也就是一个瞬时开关）。在按下这个按钮的同时，LED 就会亮起，松开按钮，灯就会灭（见图 6.8）。正因为只有按下的时候才会起作用，这种按钮才被称为"瞬时开关"。

既然已经组装好了基本电路板，现在将要添加一个按钮。上文已经展示过带有按钮的电路图，但是在安装按钮之前，还是要先来了解一下按钮的结构。

如图 6.8 所示，按下按钮开关的时候，电路闭合，电流便可以通过，详见本章展示过的电路图。

按钮

按下按钮便可闭合电路

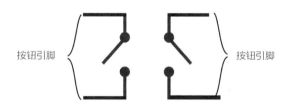

这个按钮内部其实有两个并列
的独立开关，正如上面的透视
图所示。

按钮引脚   按钮引脚

图 6.8　按钮解析图

这个按钮中其实有两个独立开关（这就是为什么这一个按钮伸出了四个引脚）。按下按钮的时候，两个开关都处于闭合状态。不过，电路中的电流只会从其中一个开关中通过。

还记得贯穿电路板中间的那道缝吗？（第 3 章"认识电路"中提到过）按钮会安装在这道缝中间，它的两个引脚会分别插入缝两边的电路连接点。只有以正确的方向放置按钮时，按钮才能正好卡入这道缝，方向不对是无法正常安装的。以正确方向安装按钮，然后确保每个引脚都与两边独立排列的接点相连（见图 6.9）。只要按钮能正常安装，刚好卡入电路板中间的缝，就代表按钮安装的方向是正确的。

提示　尽量将按钮安装到接近电路板边缘的位置，这样便于其他零件与按钮相连。

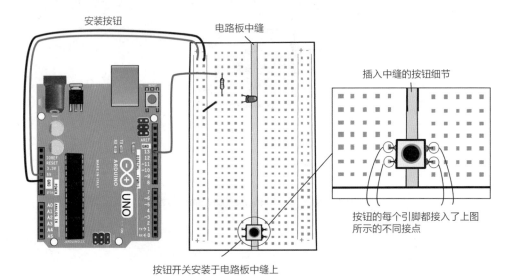

安装按钮

电路板中缝

插入中缝的按钮细节

按钮的每个引脚都接入了上图
所示的不同接点

按钮开关安装于电路板中缝上

图 6.9　向电路板上添加按钮

连接按钮至电源、电阻和地线

接着为按钮装电线。加一根红色跳线，将电路板上的电源总线（标有 + 号的那根线）与按钮左上方的引脚相连（见图 6.10）。

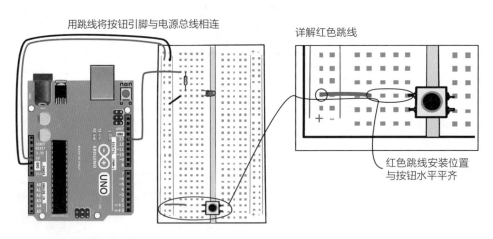

用跳线将按钮引脚与电源总线相连

详解红色跳线

红色跳线安装位置
与按钮水平平齐

图 6.10　添加第一根跳线

接下来，接入一个 10 000 Ω 的电阻（线箍颜色为棕色、黑色、橙色和金色）。将该电阻一端的导线接按钮，另一端导线接地线总线（标有 – 号的那条导线），如图 6.11 所示。

将电阻两端分别与接地母线和按钮的另一端相连

详解电阻连接细节

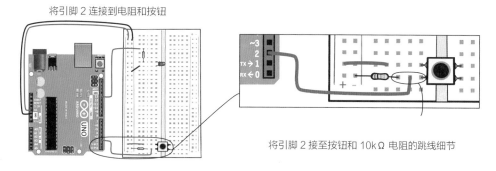

按钮通过电阻与接地母线相连

图 6.11 为按钮添加电阻

将按钮接入 Arduino 的引脚，并更新程序

最后，将在 Arduino 的引脚 2 处接入一根跳线。该跳线将与接地线总线的电阻相连。如图 6.12 所示，电阻、接入引脚的跳线以及按钮的其中一个引脚应保持在同一排接点上。跳线也必须置于电阻和按钮之间。

将引脚 2 连接到电阻和按钮

将引脚 2 接至按钮和 10kΩ 电阻的跳线细节

图 6.12 将跳线添加至数字引脚

按钮都已经连接起来了。既然 Arduino 已经与电路板相连且按钮也已接通电源，现在将 Arduino 与计算机相连，这样一来就能通过上传一份程序概述用来操控按钮和 LED 了。

打开、保存、确认和上传

用 USB 线连接计算机和 Arduino，这样就可以将按钮程序概述上传至计算机。以下是属于 Arduino IDE 的程序概述示例之一：

1. 启动 Arduino IDE，之后通过点选 File（文件）–Examples（示例）–0.2 Digital（0.2 数字）–Button（按钮）的路径打开 Button sketch（按钮概述）。

2. 另存按钮概述为 LEA6_Button。

3. 首先单击确认按钮以确保代码是可用的。

4. 单击 Upload（上载）键，将代码上载至 Arduino。如图 6.13 所示。

将 Arduino 连接至计算机，并启动 Arduino IDE　　开启 Arduino IDE 的按钮开关　　将按钮重命名为 LEA6_Button　　单击"verify"（确认）按钮，检查代码　　单击"upload"（上载）键，将开关程序上载至 Arduino

图 6.13　如何将代码写入 Arduino

开、关 LED

当按下按钮，LED 就会亮起，如图 6.14 所示。

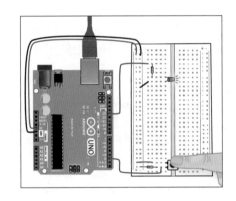

图 6.14　按下按钮，LED 随即亮起

问题

问：是否可以使用其他类型的按钮或开关？

答：是！所有开关和按钮的作用原理无非是闭合电路（形成完整的环路）或断开电路（切断环路）。

问：能否用一个按钮控制多个输出设备？例如，能否用一个按钮来操控一整排灯？

答：通过编程，一个按钮确实可以同时激活多个不同的零件，但是绝大多数电子设备每个功能有其独立按钮，为的是方便用户了解每个按钮到底是用来做什么的。如果一个按钮能够开启多项功能，用户就很容易搞混。

你已经建成了电路，并仔细研究了电路图。现在仔细检验 LEA6_Button 的代码。

零基础学电子与Arduino：给编程新手的开发板入门指南（全彩图解）

6.4 开关：多种变量

下面是 LEA6_Button 的程序代码。本节内容将着重研究这串代码。简洁起见，这里已经删去了代码前面的注释。

初始化区段

```
// 这里给定的数值是不会改变的,
// 它们的作用是设置引脚号码
const int buttonPin = 2;     // 按钮引脚号
const int ledPin =  13;     // LED的引脚号

// 变量会改变
int buttonState = 0;         // 读取按钮状态的变量
```

设置功能

```
void setup() {
  // 将LED引脚初始化状态设置为输出
  pinMode(ledPin, OUTPUT);
  // 将按钮引脚的初始化状态设置为输入
  pinMode(buttonPin, INPUT);
}
```

LOOP 功能

要记住, // 后面的内容都是注释, 不会影响代码的功能

```
void loop() {
  // 读取按钮值的状态
  buttonState = digitalRead(buttonPin);

  // 检查按钮是否被按下, 如果按钮已经被按下,
  // 则按钮状态为HIGH
  if (buttonState == HIGH) {
    // 开启LED
    digitalWrite(ledPin, HIGH);
  }
  else {
    // 关闭LED
    digitalWrite(ledPin, LOW);
  }
}
```

初始化开关按钮 LEA6_Button 的代码和变量

与初始化开关 LEA4_Blink 是不一样的，因为对于 LEA6_Button 来说，有一段代码是写在"setup()函数"之前的。这段代码叫作初始化代码——也就是在程序的顶部，你所要声明的贯穿整个程序的变量，并给它们赋初始值。以下是程序中的三行初始化代码：

```
const int buttonPin = 2; // 按钮引脚号
```

```
const int ledPin = 13; // LED 引脚号
```

```
int buttonState = 0; // 用于读取按钮状态的变量
```

第6章 开关、LED及其他 141

这三行代码看上去十分相似；中间是一个等号，等号左边是一些单词，右边是一些数字。它们的作用是什么呢？为了更好地理解这段代码，本节要介绍一个新的编程概念：变量。

什么是变量？

简单讲，变量就是我们赋予某个具体的数值域的名字。大家可以把变量想象成一个装有数值的容器。上过代数课的你对变量一定不会陌生。还记得那个"f(x)=1"的方程吗？

变量可以指代不同类型的数值。这里用到的变量范围内都是整数。

在下面一行代码中，我们不仅会声明那些变量，还会给它们赋值。声明变量就相当于给一个变量命名，而赋值就是赋予变量一定的数值。一个变量在未被赋值的情况下，也可以被声明；而没有被声明的变量是无法被赋值的。

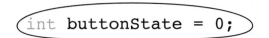

声明变量

定义变量的一串代码叫作变量声明。一般情况下，在声明变量的同时会给变量赋值。在不同的编程语言里，某一变量的声明和赋值是不大一样的。本章只讨论 Arduino 编程语言中对变量的声明和赋值。

在 Arduino 编程语言中，每一个变量的声明和赋值都至少包含有以下四个部分：该变量所容纳的数据的性质、该变量的名称、一个等号和一个具体的想要设置的数值。（一个变量也可以具备四个以上的部分，马上就会讲到其所包含的第五个部分）。

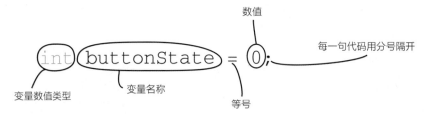

如上所示，变量名称为 buttonState 的变量数值类型为整数，即 int，等号右边的数值为整数"0"。下面从变量名称开始，细致研究变量声明当中的每一个部分。

变量名称

在一个变量声明中，变量名称决定了如何在后文中指代这个变量。在选择名称时要遵循以下几条准则：变量名称不能以数字开头，变量名称不得包含空格，变量名称本身不得是 Arduino 编程语言中已经有其他作用的单词（比如，不能将某个变量命名为"delay"＜中文意：延迟＞，因为 delay 这个词已经被 Arduino 语言采用了）。在每一个电路图中，一个变量应该配有一个专属的名称。最好的办法就是以一个变量的用途来命名它。

$$int\ \boxed{buttonState} = 0;$$

变量名

注意 变量的名称不能以数字开头，也不能以空格或符号开头，Arduino编程语言中的单词不能作为变量的名称。

变量值

变量声明中，等号右边的数值代表了变量所包含的内容的大小。在以上等式中,等号右边是一个整数"0",

这个"0"指的是引脚的电压值。用等号"="来得出变量的值，这就意味着，在这张电路图中，buttonState 这个变量无论在哪里出现，它所代表的值就是"0"，或者要把"0"赋予这个变量。

变量的赋值

int buttonState = 0;

用等号将数值赋予变量

变量类型

变量类型决定了某一变量能够携带什么样的信息。在正在解析的这一变量声明中，int 代表整数，也就是说该变量的赋值只能是整数。并不是所有的编程语言都具备不同类型的变量。但在使用 Arduino 语言时，必须在电路图中表明变量的类型。除整数之外，变量的类型还有浮点型、字符串、字母和布尔型。可以进入 Arduino 官网 –RESOURCES–REFERENCE–Variable 当中学习更多有关变量类型的知识。

可键入的变量类型

int buttonState = 0;

如何为变量赋值

如上所述，变量声明中的类型、名称、等号和数值四部分是不可或缺的。现在来分析变量声明中一个非必需的元素：限定符。

变量限定符

　　某些变量是具备限定符的。在这些变量中，限定符决定了在第一次给变量赋值之后，是否还能再次改变赋值。限定符 const 表示"常数"。在一张电路图中，如果某一变量带有 const 符号，那么这个变量的赋值就是一次性的，这个数值是永远不能改变的。如下所示：

　　设定一个常数变量可能很奇怪，但要明白，设置变量只是为了能有一个固定的名称去命名，并使其携带某个数值。在 Arduino 平台上用导线连接电路时，引脚数码是不会变的。由于变量的数值不会改变，就需要在变量声明旁边添加一个限定符，清楚示意这是一个不会变的常数变量。

> 注意 限定符不是必须添加的；大部分变量仅仅具备一个类型、一个名称和一个赋值。

　　从下面的三行初始代码中可以看出，电路图目前含有两个常数变量和一个可变的变量。

```
const int buttonPin = 2;     // 按钮引脚数量
const int ledPin = 13;       // LED灯引脚数量

int buttonState = 0;         // 可用于读取按钮状态的变量
```

问题

　　问：如果以错误的方式命名了变量，会发生什么？

　　答：IDE 的控制台会发出一个橙色的对话框，提示"ID 不符"（"unexpected unqualified id"）。最简单的解决方法就是用正确的方式重新给该变量命名。

　　问：我用到的所有的变量都必须是常量吗？

　　答：并不是。要根据变量的用途来决定是否使用常量。例如，在上文提到过的 LED_6 按钮图中，引脚变量是保持不变的，而显示按钮状态的变量则会变化。按钮状态的变量需要是可变的，使其变量声明中不含有常量。

LEA6_BUTTON 程序的 setup() 函数

在研究完 LEA6_BUTTON 程序的初始化代码后，我们来看一看它的 setup() 函数。

```
void setup() {
    // 将LED引脚初始化为输出：
    pinMode(ledPin, OUTPUT);                设为输出
    // 将按钮引脚初始化为输入：
    pinMode(buttonPin, INPUT);              设为输入
}
```

以下变量的数值将在初始代码中予以设定

LEA6_Button 程序的 setup() 函数有两行代码。这与第 4 章中提到的 pinMode() 代码非常相似，即要用 pinMode() 功能将引脚设为"输出"。而在这里，要将 LED 的引脚变量 ledPin 的值设为 13。同时，还要用 pinMode() 将另一个按钮引脚设为"输入"。程序初始代码中出现过三个变量，以上提到的就是其中之二。通过给变量命名，会让程序中的用到的 Arduino 数字引脚变得更有意义，也会让代码更易懂。

接下来要深入探讨何为"数字输入"。

6.5 数字输入课程

假如你朋友让你去他家透过窗户看一下房间的灯，而当你到达时，他会问"灯是否开着？"你的职责就是告诉他"是的，灯是开的"或者"不，灯是关闭的"。这恰如其分地解释了数字输入的功能：它将报告灯是打开的还是关闭的（见图 6.15）。

在数字输入输出中，只存在两种可能的状态

$$High = On = 1$$
或
$$Low = Off = 0$$

图 6.15　数字输入状态

在数字输入中，只存在两种可能的状态：高和低，即可视为开（高）或关（低）。数字输入可以测量某处是否开着（处于高状态）或关着（处于低状态）。高/开等效于1，低/关等效于0。可以使用 Arduino 上的数字引脚来检查按钮和开关，看它们是否被触发或按压。

为什么以不同的方式表示同一件事情？

如果"高""1"和"开"均对等（"低""0"和"关"也如此），为什么有多种方式表示同一件事情？这会让人迷惑不解。

每个值都涉及 Arduino 项目中不同的方面：

▨ 开和关适用于日常所见的现象。例如，LED 是开还是关？术语开和关不可用于 Arduino 的代码中，仅可用于普通讨论。

▨ 1 和 0 是整数变量，它们分别代表开和关。在对编码中的变量进行初始化时使用 1 或 0。在程序的初始化代码中看到了一个示例，其中包括了 int buttonState = 0 这一行；它告知 Arduino 按钮的初始状态是关闭的。

▨ 高和低是指引脚的电力状态：引脚电压是 5V 还是为 0V（地线）？在 Arduino 编程语言中，高和低用来设置或读取引脚的状态（通过 digitalWrite() 和 digitalRead() 函数）。

▨ 1 和 0 是计算机的二进制语言。对于计算机来说（包括 Arduino），高和低意味着 1 和 0。高和低使代码更容易阅读，并且在使用 digitalWrite() 和 digitalRead() 函数时会使用它们。当创建新的变量时，也会使用 0 和 1。

6.6 看程序：条件语句

既然已经了解了数字输入的作用，来看看 LEA6_Button 程序的 loop() 语句代码。

这些代码包含了一些新概念，稍后解释

```
void loop() {
  // 读取按钮值的状态
  buttonState = digitalRead(buttonPin);

  // 检查按钮是否被按下
  // 如果是，buttonState为高
  if (buttonState == HIGH) {
    // 打开灯
    digitalWrite(ledPin, HIGH);
  }
  else {
    // 关闭灯
    digitalWrite(ledPin, LOW);
  }
}
```

分析 loop() 函数

在 LEA6_Button 程序的 loop() 函数部分的第一行中，Arduino 使用一个名为 digitalRead() 的函数来检查一个引脚的状态是开还是关。在以下代码中，你正在检查由 buttonPin 变量所代表的引脚（即 2 号引脚）的状态。digitalRead() 函数的结果将为 1（高）或 0（低）。然后将名为 buttonState 的变量设置为该值。

设置 digitalRead 函数的变量值

buttonState = digitalRead(buttonPin);

变量 buttonState

函数 digitalRead

buttonPin 存储了与 Arduino 连接的引脚号（在本例程序中，是 2 号引脚）

loop() 代码的下一部分提供了另一个新的编程概念：条件语句的使用。

什么是条件语句

条件语句是一种强有力的手段，它可以根据指定的条件（比如按钮是开还是关）来改变代码中所发生的事情。编程人员在日常语言中已经自然而然地使用了条件语句，如图 6.16 所示。

如果你不打扫房间，就不能吃甜点。

如果是红灯亮，必须停车；如果是绿灯亮，代表可以正常通行。

图 6.16 英语中的条件语句

条件语句有三个基本的部分 :if、正在评估的条件表达式和当条件表达式为真时你希望发生的结果。看一下 loop() 语句代码中的条件语句。

LEA6_Button 的 loop() 语句代码中条件语句的第一部分显示于此。在一些程序中，这可能是你的全部条件语句。

条件语句第一部分

```
if (buttonState == HIGH) {
    // 打开灯
    digitalWrite(ledPin, HIGH);
}
```

条件语句的这一部分包括 if、正在评估的条件表达式和当条件表达式为真时你希望发生的结果。如果该语句为真，将发生的一切都包含在一组括号中。作为一名程序员，你要告诉程序，如果某些情况发生，该怎么做。

loop() 语句中的条件语句

条件语句以 if 开头。if 告诉计算机计算下一个表达式。

条件语句的下一部分是要评估的条件。这是 Arduino 需要评估代码的一部分。在编程环境中，"True" 意味着该条件在逻辑上是有效的。例如，英语陈述 "One is equal to One" 并没有告诉我们任何有趣的东西，但这是真的。"二加二等于五" 的荒谬表述是错误的。你会在整本书中看到各种各样的条件语句，评估 Arduino 和其他电路的情况。

在这个程序的示例中，代码试图评估按钮当前是否被按下。（记住，按下的意思是"开"。）要测试一个值是否等于另一个值，可以使用两个 "=" 符号，即 "=="。

> 注意 条件语句以if开头。

最后一部分是"真"代码块，如果条件为真，则运行命令。在真代码块中可以包含的操作数没有限制，只要它们都包含在括号内。在这种情况下，代码块将打开与 ledPin 相连的 LED，也可以说是引脚 13。

```
if (buttonState == HIGH) {
    // 打开灯
    digitalWrite(ledPin, HIGH);
}
```

注意 条件语句检查逻辑是否正确。

小贴士 仔细考虑你想要条件语句做什么。可以试着对自己大声说出来。

条件语句:else

如果按钮没有按下会发生什么？对于这个条件语句，还有一个 else，它处理在语句为假时发生的任何事件。else 有助于处理 if 语句为假的情况，但不是每个条件语句都需要。有些条件语句有 else，有些则没有。如果这个条件语句没有 else，那么如果条件表达式是假的，什么都不会发生。

对于按钮代码，else 语句也可以分解为简单的语句："如果按钮没有被按下，就把灯关掉。"

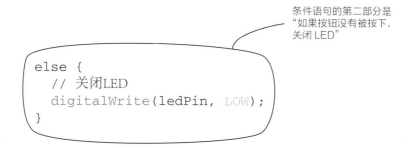

条件语句的第二部分是
"如果按钮没有被按下，
关闭 LED"

```
else {
  // 关闭LED
  digitalWrite(ledPin, LOW);
}
```

注意 不是所有条件语句都需要有else子句。

表 6.1 给出了刚经我们检查过的条件语句的简明摘要。

表 6.1　LEA6_Button 的条件语句

电路中正在发生什么？	需评估的条件	真值	结果
按钮被按下	如果 (buttonState = = 高)	真	打开 LED
按钮没有被按下	如果 (buttonState = = 高)	假	关闭 LED

问题

问：如果想要两个以上的结果该如何做？

答：那么可能会使用 else if，或者多个 else if。你可以通过浏览 Arduino 官网阅读更多关于此方面的内容。

问：可以在一个条件语句中添加另一个条件语句吗？

答：可以，在条件语句中可以有另一个条件。虽然你没有在本书中看到示例，但是它们被称为嵌套条件语句，同时它们可以处理复杂的逻辑评估。

现在已经连接了按钮，并使它可以打开和关闭，你已经准备好让电路更有趣。添加一个扬声器，然后添加一些代码，当按下按钮时，扬声器就会播放一种音调。首先，本书将向你介绍如何将扬声器添加到面包板中。

6.7 添加一个扬声器并调整代码

在这个电路中，按钮、LED、电阻和跳线将保持在同一个位置。只是添加一个扬声器；其他一切都保持不变 (见图 6.17)。

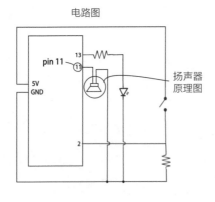

图 6.17　添加到电路中的扬声器

添加元器件：

▨ 18Ω 扬声器

和往常一样，在连接扬声器之前，确保计算机没有连接到 Arduino。将扬声器的一端固定在 Arduino 上，另一端固定在公共地线上 (见图 6.18)。

像电阻一样，扬声器不区分方向。扬声器线的颜色可能不同，但扬声器不区分方向。

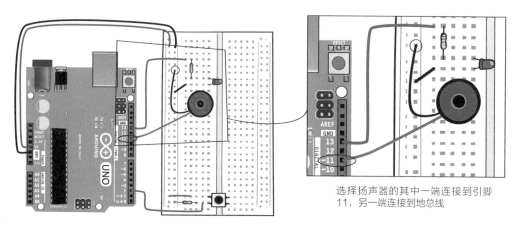

选择扬声器的其中一端连接到引脚 11，另一端连接到地总线

图 6.18　添加扬声器

这就是添加一个扬声器的全部内容。现在可以调整代码了。

为扬声器添加代码

既然已经连接了扬声器，接下来将调整代码。首先，将程序保存在一个名为 LEA6 _1_ tonebutton 的新程序中。

向程序的初始化部分添加一行代码，并为扬声器引脚添加一个变量。

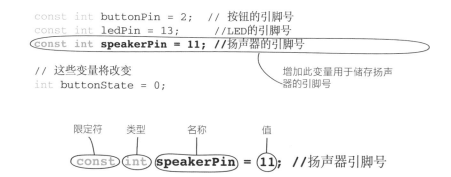

```
const int buttonPin = 2;   // 按钮的引脚号
const int ledPin = 13;      //LED的引脚号
const int speakerPin = 11; //扬声器的引脚号

// 这些变量将改变
int buttonState = 0;
```

增加此变量用于储存扬声器的引脚号

限定符　类型　　名称　　　值

const int speakerPin = 11; //扬声器引脚号

让我们更仔细地看看新代码行。可以看到，它就像其他变量声明：有一个限定符、类型、名称和值。记住，当有一个不会变化的变量时，使用 const 限定符代表常量。

> 提示　在键入新代码时添加注释是一个好习惯，以便记住添加到程序中的内容。

调整 setup() 函数

请记住 setup() 函数是指出电路的各种元器件是输入还是输出。

扬声器是什么？一个输出。因此将添加一行代码，该代码将声明扬声器所连接的引脚是一个输出。因为你创建了一个变量来保存该值，所以当声明引脚输出时将使用它。

```
void setup() {
    // 将LED引脚初始化为输出
    pinMode(ledPin, OUTPUT);
    // 将按钮引脚初始化为输入
    pinMode(buttonPin, INPUT);
    pinMode(speakerPin, OUTPUT);
}
```
使用 pinMode 函数来声明 speakerPin 为输出

下面是对这条新 setup() 代码的详细介绍：

设置引脚　　　存储扬声器引脚号的变量　　　将引脚设为输出

映射到 loop() 函数！

调整 loop()

如你所见，loop() 函数可以读取按钮是否被按下的代码，然后使用条件语句来指示 Arduino 根据收集的信息做一些事情。现在将在条件句中使用 Arduino 函数 tone() 和 noTone()。tone() 会生成一个音符或音调；noTone() 将阻止它的播放。先看看所有的 loop() 函数代码，然后再进一步探究 tone() 和 noTone()。

```
void loop() {
  // 读取按钮值的状态
  buttonState = digitalRead(buttonPin);                    ———— loop 函数

  // 检查按钮是否被按下
  if (buttonState == HIGH) {
    digitalWrite(ledPin, HIGH);
    tone(speakerPin, 330);                                 ———— tone 函数
  }
  else {
    // 关闭扬声器
    noTone(speakerPin);                                    ———— notone 函数
    digitalWrite(ledPin, LOW);// 关闭LED
  }
}
```

如前所述，tone() 函数将生成一个音符或音调，可以通过刚刚连接的扬声器进行播放。当使用 tone()
函数时，你需要告诉 Arduino 在哪个引脚上生成一个音调和播放什么音符。你想要在扬声器连接的引脚上
生成音符是顺理成章的。

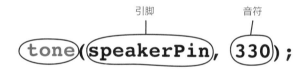

更深入地看一下 tone() 和 noTone() 函数。

解密 tone() 和 noTone()

330 是什么意思？你知道这意味着扬声器会演奏，但是，你是怎么得出这个数字的呢？Arduino 产生
的声波是用赫兹来测量的，330 是你想要电路播放的音符的赫兹值。

该音符在音乐界被称为 E。从现在起，当提到 tone() 函数时，我们会说它在生成一个音符。图 6.19 显
示了一些可能的音频值。

部分音符对应的音频值

音符	音频 (赫兹，Hz)
C	262
D	294
E	330
F	349
G	392
A	440
B	494
C	523

第一个音符 → E 330

管弦乐队的曲调 → A 440

图 6.19 音符图表

> 提示 更全面的音符图表可以在Arduino官网上找到。

现在来看 noTone()。此函数的功能是停止在指定引脚播放声音。在这个例子中，指定引脚是 speakerPin，它存储了扬声器连接的引脚的值。

关闭的引脚

如果省略了 noTone() 函数，那么当第一次按下按钮时，音符就会连续不停地播放。

将 tone() 和 noTone() 函数添加到代码中，保存程序，然后加载。当按下按钮时，你就会听到从扬声器中播放的一个音符，以及看到 LED 开启。

之前说过，我们可以解释函数中括号内的内容。例如，在tone()函数中，speakerPin 和 330 是什么意思？这些值被称为参数。现在，让我们看一看。

参数

到目前为止，从 pinMode() 函数到 digitalWrite() 函数，你已经在本书中学了许多 Arduino 函数。你可能也注意到了这一点。

在这些函数中，需要把一些东西放在括号里，通常是数字和单词的组合。在函数内放置的值称为参数。

参数

函数名称　　　　　　　圆括号

参数表明了 Arduino 函数中重要的信息，例如哪个引脚被用作输入。不同的函数通常有不同数量的参数。digitalWrite() 函数有两个参数：引脚号和值，而 Arduino 的 delay() 函数只有一个参数——延迟程序多少毫秒。有些函数不需要任何参数，而另一些函数则需要多个参数。看看 tone() 和 noTone() 函数，以及参数如何与它们一起工作。

tone() 函数有两个参数：扬声器连接到的引脚（在本例中为变量 speakerPin）和注释的值。注意，参数值之间用逗号分隔。

noTone() 函数有一个参数：连接扬声器的引脚（还是 speakerPin 变量）。

在某些函数中，并非所有的参数都是必需的。在后面的章节中，你将了解更多关于函数和参数的知识。

接下来，在音调按钮键盘上添加第二个按钮，这样就可以播放多个音符了。

6.8 再添加两个按钮并调整代码

在电路中添加另一个按钮，这样你就可以在迷你键盘乐器上播放一个两音符的曲子（见图 6.20）。此时，需要另一个按钮，另一个 10 kΩ 电阻和更多的跳线。在加入电路之前，记得把 Arduino 从计算机上拔出来。

两个按钮的电路完成并插上电源

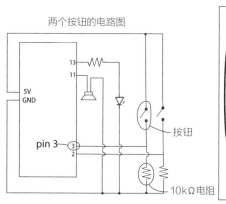

图 6.20　两个按钮的电路

增加的元件：

- 1 个瞬时按钮开关

- 1 个 10 kΩ 电阻（色环为棕色、黑色、橙色、金色）

- 跳线

这个按钮的配置非常类似于你在电路中放置的第一个按钮，只不过新的按钮将被连接到 Arduino 上的另一个引脚（见图 6.21）。

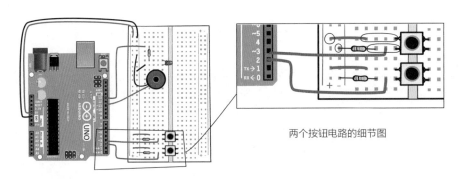

两个按钮电路的细节图

图 6.21　添加第二个按钮

横跨沟槽摆放新按钮。使用跳线将按钮左上方的引脚连接到电源总线上。10 kΩ 电阻的一端接地，另一端接至按钮的左下方的引脚。最后，用跳线将 3 号引脚连接至按钮左下方的引脚及 10kΩ 电阻的一端。

既然已经添加了第二个按钮，现在是时候调整程序中的代码了。

编辑 LEA6_2_tonebuttons

首先，将程序保存为 LEA6 _2_ tonebuttons。你将编辑代码，所增加的行数在后续几页中以粗体标记。

初始化代码的调整

这是使用两个新变量更新了的初始化代码。一个用于设置连接到第二个按钮（3）的引脚号；另一个则将保持该按钮的状态，其初始设置为 0。

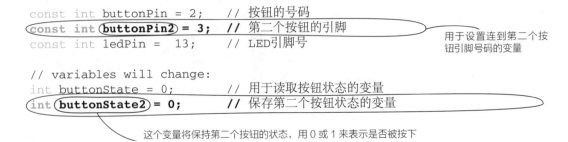

```
const int buttonPin = 2;      // 按钮的号码
const int buttonPin2 = 3;     // 第二个按钮的引脚
const int ledPin =  13;       // LED引脚号

// variables will change:
int buttonState = 0;          // 用于读取按钮状态的变量
int buttonState2 = 0;         // 保存第二个按钮状态的变量
```

用于设置连到第二个按钮引脚号码的变量

这个变量将保持第二个按钮的状态，用 0 或 1 来表示是否被按下

调整 setup() 函数代码

下面的图再次显示了 setup() 函数的代码，并对第二个按钮进行了编辑。再次使用 pinMode() 函数，这一次设置 buttonPin2(在 i 初始化代码中设置为 3) 作为输入。

```
void setup() {
  // 将LED引脚初始化为输出
  pinMode(ledPin, OUTPUT);
  // 将按钮引脚初始化为输入
  pinMode(buttonPin, INPUT);
  pinMode(buttonPin2, INPUT);
  pinMode(speakerPin, OUTPUT);
}
```

调整 loop() 函数代码 :else if

可以看到，此处正在使用 digitalRead() 函数读取 buttonPin2 的值 (为 1 或 0)，并将其存储在变量 buttonState2 中。

在 if 语句中，必须添加一个新的部分——else if。当评估 if 语句时，它将检查位于 if 后的第一个条件是真还是假。正如前面所看到的，如果第一个条件为真 (换言之，如果当前按下按钮 1)，那么扬声器将播放一个 330Hz 的音符。但是，如果第一个条件为假 (换言之，如果当前按钮 1 未被按下)，那么 Arduino 将会转移到 else if 代码，以确定跟在其后的条件语句是真是假。如果它是真的 (换言之，如果当前按钮 2 被按下)，那么 Arduino 将按照花括号中的指令执行。

看一下 else if 语句的每一行。

```
void loop() {
  // 读取按钮值的状态
  buttonState = digitalRead(buttonPin);
  buttonState2 = digitalRead(buttonPin2);        读取 buttonPin2 的
  // 检查按钮是否被按下                              状态并将其存储在
  if (buttonState == HIGH) {                       buttonState2 中
    digitalWrite(ledPin, HIGH);
    tone(speakerPin, 330);
  }
  // 检查第二个按钮是否被按下
  else if (buttonState2 == HIGH) {         else if 进行第二个条
    digitalWrite(ledPin, HIGH);             件语句的测试
    tone(speakerPin, 294);
  }
  else {
    noTone(speakerPin); // 关闭扬声器
    digitalWrite(ledPin, LOW); // 关闭LED
  }
}
```

首先，else if 表明 Arduino 将测试另一个条件语句。它正在测试 buttonState2 是否处于高状态——换言

之，在 3 号引脚处的按钮当前是否被按下。

你之前已经看到了在下一行 else if 代码块中的代码；它将连接在 LED 上的引脚设置为高，这样 LED 则亮起。

```
digitalWrite(ledPin, HIGH);
```

这是 else if 代码块中的最后一行。它使用 tone() 函数在扬声器上播放一个音符。这一次，音符是 294 Hz——略低于第一个按钮播放的音符。

```
tone(speakerPin, 294);
```

下面的图片显示了代码的整个代码块。请注意，括号围绕着描述正在测试的条件的代码，如果条件为真，则花括号包含想要做的事情。

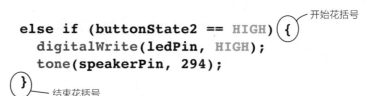

要测试代码，需将计算机连接到 Arduino，保存代码，验证代码，并将其上传到 Arduino。现在，可以在双按钮键盘上播放两种不同的音符。

问题

问：如果同时按两个按钮会发生什么？

答：编写条件语句的方式，导致同时按下两个按钮时只播放第一个音符。这对我们有利，因为 Arduino 的 tone() 函数不能一次通过扬声器播放多个音调。

问：如果将 tone() 函数中第二个音符号改为非 294 的其他数字，会发生什么？

答：在前几页中看到的音符表只提供了一些可播放音符的选项。省略了所有尖锐的 / 平的音符——这并非一堂音乐的理论课——但是，如果随机选择一个数字作为第二个音符，与第一个音符相比，它有可能会听起来略微偏离，像走音的吉他。

增加第三个按钮

现在，在电路中添加第三个也是最后一个按钮（见图 6.22）。在添加这个按钮之前，一定要从计算机上拔出 Arduino！

需增加的元件：

▨　1 个瞬时按钮开关

▨　1 个 10 kΩ 电阻（色环为棕色、黑色、橙色、金色）

▨　跳线

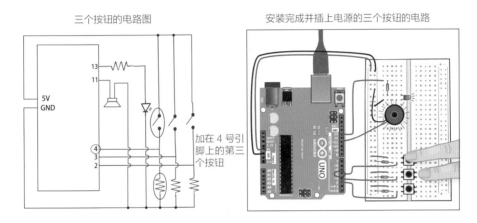

图 6.22　三个按钮的电路

将按钮横跨置于其他两个按钮上方的沟槽上。使用跳线将按钮的左上方的引脚连接到电源总线上。10 kΩ 电阻的一端接地，另一端连接到按钮的左下方引脚上。最后，将 4 号引脚连接到按钮的左下方引脚和 10 kΩ 电阻的一端（见图 6.23）。

既然已经在电路中增加了第三个按钮，是时候调整程序了。

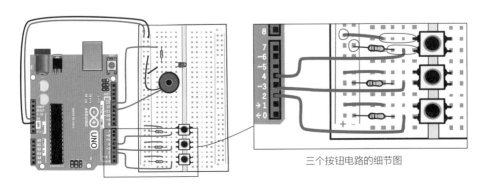

图 6.23　增加第三个按钮

编辑 LEA6_3_tonebuttons 程序

将程序保存为 LEA6 _3_ tonebuttons，你将会看到需要调整的代码。这非常类似于在增加第二个按钮时对之前的程序所做的调整。跟随步骤并编辑程序来匹配下面的代码。

初始化代码编辑

将第三个按钮连接到 4 号引脚，并添加一个名为 buttonState3 的变量，该变量储存着表示引脚是否被按下 (1 或 0，高或低，开或关) 的值。

```
const int buttonPin = 2;      // 第一个按钮的引脚号
const int buttonPin2 = 3;     // 第二个按钮的一个引脚
const int buttonPin3 = 4;     // 连接到4号引脚的第三个按钮
const int ledPin =  13;       // LED引脚号
const int speakerPin = 11;    // 扬声器引脚号

// 变量会变化
int buttonState = 0;          // 用于读取按钮状态的变量
int buttonState2 = 0;         // 变量保存第二个按钮状态
int buttonState3 = 0;         // 第三个按钮状态
```

调整 setup() 函数代码

在 setup() Code 函数中编辑 setup() 代码，设置变量 buttonPin3(它储存为 4 以表示 4 号引脚) 为一个输入。我们的三个按钮现在都被设置为输入。

```
void setup() {
  // 将LED引脚初始化为输出
  pinMode(ledPin, OUTPUT);
  // 按钮引脚初始化输入
  pinMode(buttonPin, INPUT);
  pinMode(buttonPin2, INPUT);
  pinMode(buttonPin3, INPUT);
  pinMode(speakerPin, OUTPUT);
}
```

接下来将显示更新的 loop() 函数。它读取 buttonPin3 的状态并将其存储在 buttonState3 中。它还有一个附加的 else if 语句，用来测试第三个按钮是否被按下，如果是的话，播放一个音符 (一个比按钮 2 稍微低一点的音符)，并点亮 LED。

```
void loop() {
  // 读取按钮值的状态:
  buttonState = digitalRead(buttonPin);
  buttonState2 = digitalRead(buttonPin2);
  buttonState3 = digitalRead(buttonPin3);
  // 检查按钮是否被按下.
  if (buttonState == HIGH) {
    digitalWrite(ledPin, HIGH);
    tone(speakerPin, 330);
  }
  // 检查第二个按钮是否被按下
  else if (buttonState2 == HIGH) {
    digitalWrite(ledPin, HIGH);
    tone(speakerPin, 294);
  }
  // 检查第二个按钮是否被按下
  else if (buttonState3 == HIGH) {
    digitalWrite(ledPin, HIGH);
    tone(speakerPin, 262);
  }
  else {
    // 关闭扬声器:
    noTone(speakerPin);
    digitalWrite(ledPin, LOW); //关闭LED
  }
}
```

将三个按钮值保存在单独的变量中

按钮 1 代码

按钮 2 代码

按钮 3 代码

当没有按下按钮时运行的代码

当按下三个中的每一个按钮时，代码就可以响应了。

演奏迷你键盘乐器

写好代码、调整好电路后，三键迷你键盘乐器现在应该可以工作了。为了让它运转，把计算机连接到 Arduino，保存代码，进行校验并上传到 Arduino，然后按下按钮。记得每次按一个按钮，因为扬声器每次只能播放一个音符。

在继续讨论这些电子元件是如何在这个电路中工作之前，我们简要回顾一下在构建这个项目时所了解的关于编写代码的知识。

6.9 复习电学和代码概念

在本章中，读者学习了一些新的、非常重要的编程概念。尽管因程序语言的不同，细节可能略有不同，但是这些概念对于所有程序语言的代码编写都是至关重要的。现在，再看一下变量和条件语句。

变量

变量是代码中可以容纳不同值的容器。

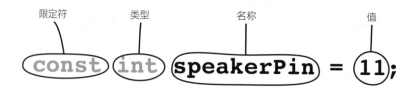

条件语句

条件语句对条件表达式进行评估，如果条件为真，则执行指令。如果条件语句包含一个可选的 else if 或 else 代码块，那么它可以检测多个条件，有时它会告诉代码在条件不正确的情况下执行什么操作。

```
if (buttonState == HIGH) {
  digitalWrite(ledPin, HIGH);
}
// 检查第二个按钮是否被按下
else if (buttonState2 == HIGH) {
  digitalWrite(ledPin, HIGH);
}
```

快速看一下在这章中使用的电子元器件是如何在电路中工作的。

按钮是如何工作的呢

默认未按下按钮的状态为打开，这就意味着，电流不能通过它。为了让电流通过你的按钮，它必须被按下，在引脚之间建立连接（见图 6.24）。当读取连接到按钮的引脚值时，将看到它处于高状态。

按住按钮，连接按钮上的引脚，可通电

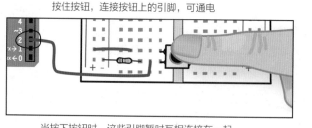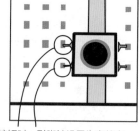

当按下按钮时，这些引脚暂时互相连接在一起

当按下按钮时，引脚被设置为高状态

图 6.24　按住按钮

沟槽另一侧的引脚上未连接任何电子元器件，但是当按下按钮（见图 6.25）时，它们也会互相连接。

 零基础学电子与Arduino：给编程新手的开发板入门指南（全彩图解）

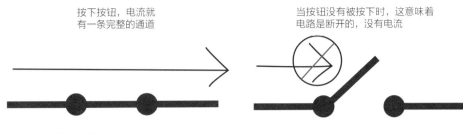

按下按钮，电流就
有一条完整的通道

当按钮没有被按下时，这意味着
电路是断开的，没有电流

图 6.25   开关的功能

扬声器如何播放不同的音符

在 Arduino 中内置的 tone() 函数知道如何改变由数字引脚所提供的电源，从而为扬声器生成不同的音符。无需太专业，包含在 tone() 函数中的音符值指示 Arduino 快速更改电压以创建不同的音节（见图 6.26）。

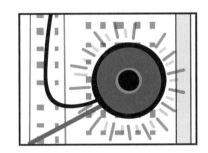

图 6.26   扬声器的电压变化将播放不同的音符

6.10 总结

这一章教给读者更多关于编程的知识。读者了解了变量是什么，如何使用它，以及如何使用条件语句来控制程序的流畅。读者还了解了更多关于数字输出的知识，以及如何向电路中添加数字输入以使项目具有交互性。读者可以进入 github 网站下载代码：进入 github 官网 -arduinotogo-LEA-LEA6_3_toneButtons.ino。

在第 7 章中，本书将展示如何将模拟传感器或其他输入连接到一个电路中，并通过它们收集的信息来做更多的输出组件，而不只是打开或关闭。

第 7 章　模拟值

7

大家在前一章学习了如何在电路中安装按钮，通过扬声器播放音符以及打开和关闭 LED。在本章中，大家将学到如何在电路中安装传感器，并使用传感器中的数据创建更多不同的功能。此外，大家还会学习到如何使用 Arduino IDE 来读取传感器的信息。

7.1 生活的意义不仅仅是打开和关闭！

大家已经学会了如何在电路中安装按钮，以便使用 Arduino 程序实现数字输入和输出，使项目具有交互性。在使用数字输入时，只能得到两种值：开或关（也称为高或低，1 或 0），但是有些时候大家可能想要比开或关更复杂的值，在本章中，大家将学习如何读取传感器和可变电阻的值，并用这些值在 Arduino 程序中制造出不同的效果。

通过建立一个带有电位器的电路来学习这些概念，而这个电位器就像一个旋钮，可以提供除了 0 或 1 以外的值。先使用电位器来调整 LED 的亮度，之后调整扬声器播放不同的音符。

为什么要向大家展示如何使用模拟传感器和模拟信息？那模拟的意思又是什么？

大家已经看到数字信息只有两种可能：开或关，而模拟信息可以得到一个范围的可能值。通过视觉、听觉和其他感知将世界视为模拟信息流，通过在 Arduino 中使用模拟信息，可以响应用户输入的更复杂的要求，例如实现控制 LED 的亮度，使其变得很亮或者很暗，或是在这之间的任何亮度。

> **注意** 模拟信息是连续的，可以得到一个范围的可能值。

一旦大家了解了模拟值的工作方式，便可以使用这些值来制作一个乐器——泰勒明。泰勒明是一种乐器，其声音的音高是由音乐家的手和乐器之间的距离控制的，如图 7.1 所示。没错，演奏泰勒明不需要真的碰到它。读者可能在电影或电视节目的配乐里听到过泰勒明迷幻的音色。此处将会使用扬声器和光敏电阻。当手在光敏电阻上抬起或放下的时候，扬声器会演奏出不同的音符。

在本章的所有项目中，程序将从模拟输入中读取信息，然后使用该信息控制输出，例如 LED 的亮度或扬声器发出的音调。

本章以及后续章节的一些项目中也将使用模拟信息。让我们开始吧！

演奏灯光泰勒明

图 7.1 演奏灯光泰勒明

电位计电路

图7.2显示了本章的第一个电路图和电路原理图。此电路使用电位器来改变LED的亮度，当转动电位器，LED 会越来越亮，一直到最亮，而往相反的方向旋转会使 LED 变暗，直到熄灭。

电位器电路原理图

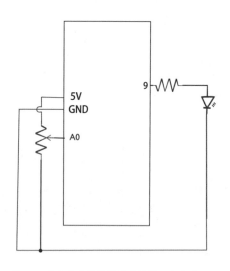

电位器电路图

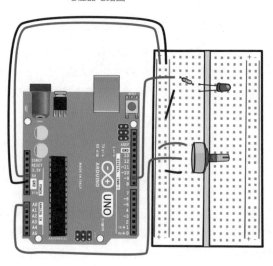

图 7.2 在本章中你需要构建的第一个电路

零基础学电子与Arduino：给编程新手的开发板入门指南（全彩图解）

在开始构建电路之前，先讨论 Arduino 上的模拟输入引脚。

Arduino 的模拟输入引脚

大家还记不记得在第 2 章"你的 Arduino"中，第一次拿出 Arduino 的时候，讲过它有模拟输入引脚，可以读取具有一定范围值的传感器，仔细看看图 7.3 中的那些引脚。

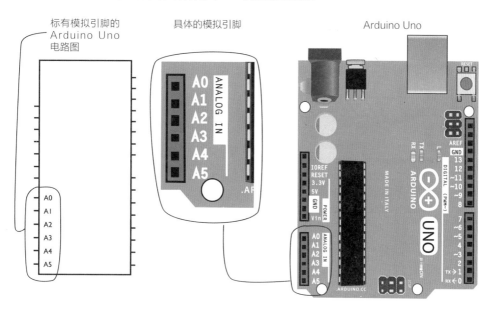

图 7.3　Arduino 上的模拟引脚

模拟输入引脚位于 Arduino 上的数字输入 / 输出引脚的对面、电源和地引脚的下面。这里有 6 个引脚，标记为 A0 到 A5，"A"代表的意思是模拟（analog）。

当其中一个引脚连接到模拟输入时，它可以显示出一个从 0 到 1023 的范围值。这个数字范围与 Arduino 如何管理内存有关，虽然详细解释这个概念已超出了本书的范围，但大家要知道：这是一个比 1 或 0 更大的范围，它可以创造不同的体验，而不是简单地打开或关闭。

什么是模拟输入？很多电子元器件往往是某种类型的传感器，它可以给出一个范围的值，而不只是开和关。大家要使用的第一个模拟输入是电位器，将连接到引脚 A0。

图 7.3 中的电路图显示了 Arduino 上所有模拟引脚的位置。

认识电位器

电位器是一种可变电阻，这意味着它的电阻值可以改变。电位器，有时也被称为电位计，通常具有一个可以转动以增加或减少电阻值的旋钮或转盘，具体阻值的变化取决于转动的方向和转动了多少（见图 7.4）。电位器有多种尺寸和形状，这里大家将在电路中使用一个 10kΩ 电位器。

电位器有三个引脚：一个连接电源、一个连接到地线，以及一个连接到 Arduino 上的引脚。接下来的内容将向大家展示如何将电位器连接到实验电路上。

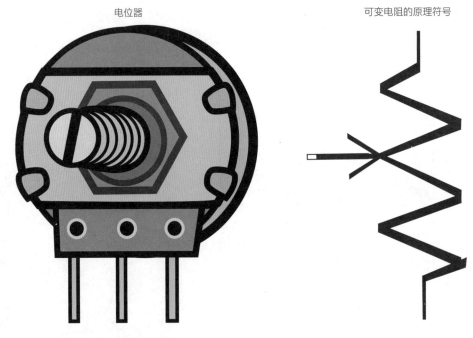

电位器

可变电阻的原理符号

图 7.4　电位器的示意图和原理符号图

注意 可变电阻可以提供不同的电阻值。

问题

问：电位器和老电视机上的旋钮一样吗？

答：不完全是。老电视机上的拨号盘有设定点，当将其转到"收看"频道时拨号盘会停止。电位器一般在两端都有停止点，对应最大电阻或最小电阻。在这两点之间可以流畅地转换。

7.2 逐步创建电位器电路

将要建立的第一个电路中将包含一个控制 LED 亮度的电位器（见图 7.5）。

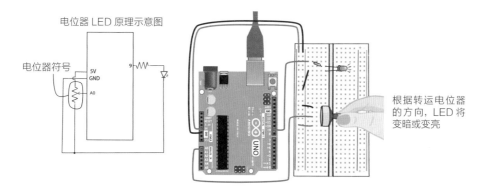

电位器 LED 原理示意图

电位器符号

5V
GND

9

A0

根据转运电位器
的方向，LED 将
变暗或变亮

图 7.5　完成的电位器和 LED 电路

需要这些元器件

▒　1 个 LED

▒　1 个 220Ω 的电阻（色环为红色、红色、棕色、金色）

▒　1 个 10kΩ 电位器

▒　跳线

▒　电路实验板（面包板）

▒　Arduino Uno

▒　有 AB 接口的 USB 线

▒　安装有 Arduino IDE 的计算机

　　现在从一个基本的电路开始，在这个基本电路中，LED 的阳极通过一个 220Ω 的电阻连接到 Arduino，阴极连接到地线。注意这个电路和前面章节中所使用的电路有一个关键的区别：在 Arduino 电路板上使用引脚 9 而不是引脚 13（见图 7.6）。后面将会解释原因。

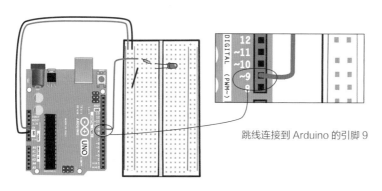

跳线连接到 Arduino 的引脚 9

图 7.6　LED 连接到引脚 9

接下来，将电位器放置在电路实验板（面包板）上。

添加电位器

如我们所见，电位器有三个引脚。在该电路中，把中间引脚连接到 Arduino 上的一个引脚，再选择任意一个外部引脚连接到电源总线，剩下一个外部引脚连接到接地总线。具体哪一个外部引脚接电源，哪一个接地，这是没有关系的。

将电位器放置在与沟槽平行的位置（见图 7.7），电位器的每个引脚都是独立的一排连接点，且每个引脚之间有一个空的连接点。将电位器定位在远离 Arduino 的位置，将轴置于沟槽上（见图 7.7），这样便更容易接触到电位器，以便更方便地转动它并继续搭建后面的电路。

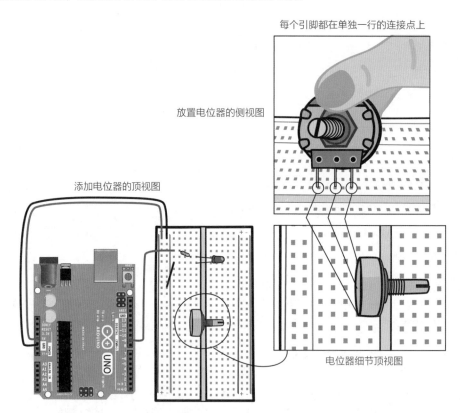

每个引脚都在单独一行的连接点上

放置电位器的侧视图

添加电位器的顶视图

电位器细节顶视图

图 7.7　连接电位器

接下来，把电位器连接到电源和接地总线上。

用跳线将电位器顶部的引脚连接到接地总线，再将电位器另一端的引脚连接到电源总线（见图 7.8），请注意确保电位器的跳线和引脚位于同一排连接点上。

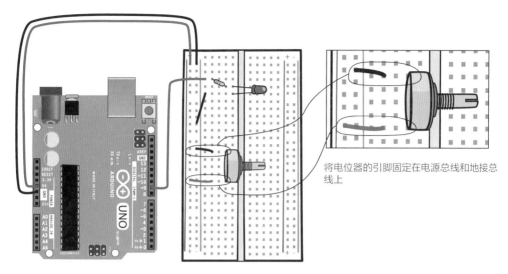

图 7.8 在电位器中加入跳线

最后，将电位器的中间引脚连接到模拟输入引脚 A0 和一个跳线上（见图 7.9）。

跳线连接到引脚 A0 和电位器的中间引脚

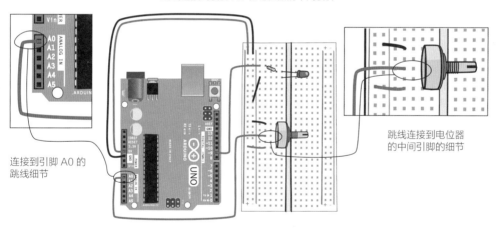

将电位器的引脚固定在电源总线和地接总线上

跳线连接到电位器的中间引脚的细节

连接到引脚 A0 的跳线细节

图 7.9 将电位器连接到模拟引脚上

把灯光调暗

使用 USB 线将 Arduino 连接到计算机，从 Arduino IDE 中加载一个示例程序。要加载程序，请选择"File（文件）-Examples（示例）-03.Analog（0.3 模拟）"，然后再选择"AnalogIn-OutSerial"，而后将此示例程序保存为"LEA7_AnalogInOutSerial"。

保存后，单击"Verify（验证）"，然后单击"Upload（上传）"。

转动电位器时，LED 应该会变暗或变亮，这取决于转动电位器的方向（见图 7.10）。

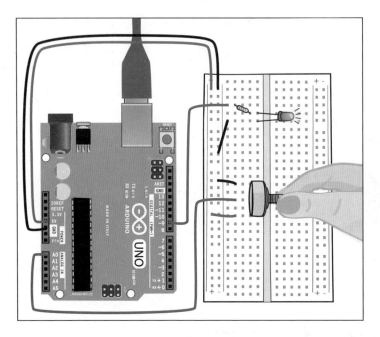

图 7.10　转动电位器时，LED 变亮或变暗

> **想一想**
>
> 　　你可能每天都使用电位器控制立体声音量或调光开关，那么能想到其他可以用电位器控制的设备吗？

接下来，你将看到程序是如何让电路诠释电位器的电阻值并相应地改变 LED 的亮度。

程序在电路中起到什么作用？

大家已经了解了电路的运行情况，也知道了它的作用是什么，但是不清楚 Arduino 是如何将电位器的电阻值转化为 LED 的亮度值。为了解决这个问题，我们来看看电流和信息是如何通过电路的。

步骤 1：Arduino 接通电源

5V 电源通过 USB 连接线从计算机进入 Arduino。

 零基础学电子与Arduino：给编程新手的开发板入门指南（全彩图解）

步骤 2：电位器接通电源

5V 电压从 Arduino 的 5V 引脚（通过电源总线）发送到电位器的一侧。

步骤 3：电位器改变电压

电位器产生电阻，降低电压，再通过引脚 A0 将新的电压发送回 Arduino。

步骤 4：Arduino 读取电压

在引脚 A0 上，Arduino 读取来自电位器的电压并将电压值转换为前面提到的 0 ~ 1023 模拟量的数值。注意：有时候这个读取过程需要更长的时间，稍后将在本章中讨论 Arduino 是如何确定其价值的。

步骤 5：Arduino 转换值

Arduino 使用函数 map() 将电位器的模拟值更改为转换后的模拟值，后面的章节将对此进行解释。同时，这一步至关重要，因为 LED 不能理解 0 ~ 1023 之间的值，但会接受 0 ~ 255 之间的值。

步骤 6: Arduino 将值写入 LED

Arduino 使用 PWM 通过引脚 9 将这个转换后的模拟值发送到 LED, 将在后面的章节中阐述 PWM 是如何工作的。

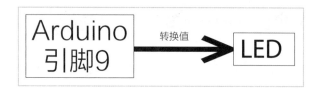

步骤 7: LED 亮起来

LED 亮起来, 它的亮度和暗度取决于它所接收到的模拟值。如我们所见, 程序完成了将信息通过电位器转换为一个可以用来控制 LED 亮度的模拟值的这么一个重要过程。

现在已经知道了在电路中发生了什么以及电路与程序是如何实现交互的, 接下来是时候深入了解程序的更多细节了。

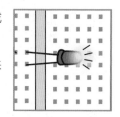

7.3 LEA7_AnalogInOutSerial 程序

这个 Arduino 程序读取了引脚 A0 上的电压值, 将其转换为 LED 可以理解的值, 然后将其发送到引脚 9。正如其他程序一样, 这里需要进行一个初始化, 同时需要一个设置 setup() 函数和一个循环 loop() 函数, 再一次把程序顶部的注释删去。

```
const int analogInPin = A0;  // Analog input pin that the potentiometer is attached to
const int analogOutPin = 9; // Analog output pin that the LED is attached to

int sensorValue = 0;        // value read from the pot
int outputValue = 0;        // value output to the PWM (analog out)

void setup() {
  // initialize serial communications at 9600 bps:
  Serial.begin(9600);
}

void loop() {
  // read the analog in value:
  sensorValue = analogRead(analogInPin);
  // map it to the range of the analog out:
  outputValue = map(sensorValue, 0, 1023, 0, 255);
  // change the analog out value:
  analogWrite(analogOutPin, outputValue);

  // print the results to the serial monitor:
  Serial.print("sensor = " );
  Serial.print(sensorValue);
  Serial.print("\t output = ");
  Serial.println(outputValue);

  // wait 2 milliseconds before the next loop
  // for the analog-to-digital converter to settle
  // after the last reading:
  delay(2);
}
```

初始化

设置 setup() 函数

循环 loop() 函数

初始化部分需要设置一个初始值以便达成程序所要求的一些变量。正如在第 6 章中学到的，当声明一个变量时，要给变量设定一个名称并给予一个值，以指示它将持有什么信息类型，通常在这种情况下添加一个限定符来表示它是否是一个常量。

```
const int analogInPin = A0; //模拟输入引脚连接到电位器
const int analogOutPin = 9; //模拟输出引脚连接到LED

int sensorValue = 0;         //值从域中读取
int outputValue = 0;         //值输出到PWM（模拟输出）
```

正如从摘录的代码中看到的那样：程序包含四个变量。以下是每一个变量的细节。

模拟输入引脚

把从电位器上读取的引脚数，设置为引脚 A0（见图 7.11）。

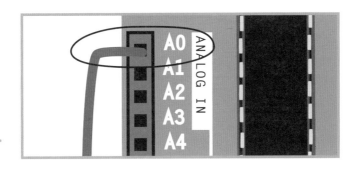

图 7.11　模拟输入设置为引脚 A0

模拟输出引脚

连接到 LED 的引脚号，将其设置为引脚 9（见图 7.12）。

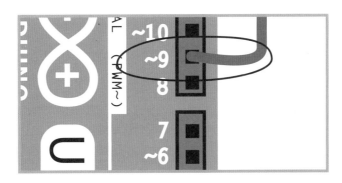

图 7.12　模拟输出引脚设置为引脚 9

传感器值

将变量的初始值设为 0，它将保留电位器上的电压值（见图 7.13）。

图 7.13　传感器值将保留来自电位器上引脚 A0 的电压变化

输出值

初始值设为 0，这将保留 Arduino 要发送给 LED 的值，这个值决定了 LED 的亮度（见图 7.14）。

图 7.14　输出值将保留 Arduino 发送到引脚 9 的值，以便控制 LED 的亮度

初始化部分创建了这些变量，以便在稍后的循环 loop() 函数中使用，接下来开始设置 setup() 函数。

LEA7_AnalogInOutSerial 的设置 setup() 函数

这个程序的设置 setup() 函数只有一行，但是这是一个之前没有涉及的新的 Arduino 函数：开始串行 Serial.begin() 函数。这个函数使用串行对象。

串行对象是一组函数和变量，允许 Arduino 与其他设备进行通信。那么在这个程序中，开始 begin() 函数是串行对象的函数，将使用它来与计算机进行通信。

> 注意　函数是将代码或指令块组织到计算机上的一种方法。

关于设置 setup() 函数和循环 loop() 函数，我们已经在第 3 章中谈论到它的功能了。以下是设置 setup() 函数代码中开始 begin() 函数的编写方式：

```
void setup() {
  // 以9600bit/s的传输速率初始化串行通信
  Serial.begin(9600);
}
```

这一行代码是让 Arduino 打开一条通信线路与计算机进行通信（它们将通过连接 USB 线进行通信）。

 零基础学电子与Arduino：给编程新手的开发板入门指南（全彩图解）

代码还为 Arduino 和计算机设置了通信速率 :9600bit/s(bps)。在这一点上，波特率是多少并不重要，只要 Arduino 和计算机有一个相同的通信速率就可以了。

随后在本书中会更详细地研究串行通信，现在继续讲代码的循环 loop() 函数。

注意 begin()函数是在设备之间建立通信的串行对象的函数。

LEA7_AnalogInOutSerial 循环 loop() 代码

以下是循环 loop() 代码的概述 :

1. 从电位器的引脚上读取一个模拟数值，并将其存储在一个变量中。

2. 将这个模拟数值转换成 LED 可以读取的数值（0 ~ 255）。

3. 将调整值写入 LED（引脚 9）。

4. 将这两个值发送到计算机（传感器值和输出值），以便可以看到它们随时间而发生变化。

5. 在下一次读取电位器模拟值之前，等待 2 毫秒。

只要 Arduino 有电源，这些步骤就会按照这个顺序重复进行。

再看一下这段代码 :

循环【loop()】代码

```
void loop() {
    // 读取模拟值:
    sensorValue = analogRead(analogInPin);
    // 将其映射到模拟输出的范围:
    outputValue = map(sensorValue, 0, 1023, 0, 255);
    // 改变模拟输出:
    analogWrite(analogOutPin, outputValue);

    // 将结果输出到串行监视器:
    Serial.print("sensor = " );
    Serial.print(sensorValue);
    Serial.print("\t output = ");
    Serial.println(outputValue);

    // 在下个循环开始前等待2毫秒
    // 模数转换器在最后一次读数
    // 后稳定下来:
    delay(2);
}
```

通过引脚 A0 读取电位器上的电压值，并将其存储在变量 sensorValue 中

缩小变量 sensorValue 的值并将其存储在变量 outputValue 中

将变量 outputValue 的值发送到引脚 9

将变量 sensorValue 和 outputValue 的值发送到计算机

调用 delay() 函数并告诉它需要暂停 2ms，在暂停之后 loop() 代码将重新开始

7.4 模拟输入：来自电位器的值

第一行代码的功能是让 Arduino 读取电位器送到引脚 A0 变量 sensorValue 的电压值，该值存储在变量 sensorValue 中。

读取连接到引脚 A0 的电位器的值

```
// 读取模拟值: SW
sensorValue = analogRead(analogInPin);
```

电位器的电阻变化如何影响引脚 A0 的值？

当电位器旋转到电阻最大的一侧时，如果你使用万用表从引脚 A0 上测量电压，那么此时万用表读取的电压数值为 0。如果将电位器拨到没有电阻的另一侧，那么万用表读取的电压数值为 5V。 还记得欧姆定律吗？ 在这里可以看到：电阻值的变化会影响电压值的变化。

从模拟引脚上读取的值是按比例换算的电压值。Arduino 将 0 ~ 5V 之间的电压值转换为 0~1023 之间的数字，这个过程就被称为模拟 - 数字转换。

图 7.15 显示了一个能够演示电压值转换为数字量的标尺， 从标尺的顶部你可以看到电压的范围是 0~5V；从标尺的底部可以看到在 Arduino 上模拟输入引脚可以获得的范围为 0~1023。

> 注意 模拟输入引脚读取电压的值的等级是从0~5V，转换数值时值的范围是0~1023。

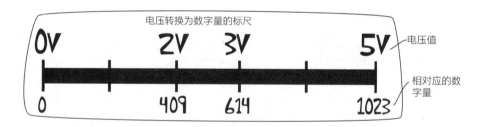

图 7.15 将电压转换为数字量

在图 7.15 所示的标尺上，可以看到电压在 0V 的情况下，读数为 0；在 5V 时，读数为 1023。那么在电压值在 0 ~ 5V 的变化过程中发生了什么呢？ 因为模拟输入值是介于 0 ~ 1023 之间的数字，所以电压在 2V 时，可以得到的值是 409；在 3V 时，可以得到的值是 614，而这些值是由程序自动计算出来的。在本章后面部分会看到这些数值转换对我们的项目有什么作用。

为什么要转换电压值？这将在本章接下来的内容以及第 8 章"伺服电机"中阐述，同时也会讲解如何

 零基础学电子与Arduino: 给编程新手的开发板入门指南（全彩图解）

利用一些函数来使用这些数值量。

模拟输入代码：模拟读取 analogread () 函数

首先程序会从电位器连接的引脚（A0 引脚）上读取一个模拟读数，并将这个读数值存储在名称为传感器值的变量中。

第一个循环线：模拟读取 analogRead 函数

引脚 A0，模拟引脚连接到电位器

程序将读取自电位器的模拟值保存到该变量中

`sensorValue` = `analogRead(analogInPin);`

模拟读取 analogRead 函数

请记住，模拟意味着这可以具有除 0 或 1 之外的其他值。使用模拟读取 analogRead() 函数从模拟输入引脚读取值，该值范围介于 0~1023 之间。正如我们刚学习的那样，如果把电位器一直转到没有电阻值的那一侧，那么这个模拟读数值是最高的，也就是 1023。当你把它一直转到电阻值最大的另一侧，那么这个值将减少到 0（见图 7.16）。此外读取引脚上的值的这一过程只需要很少的时间。现在再看一看模拟值标尺（见图 7.17）。

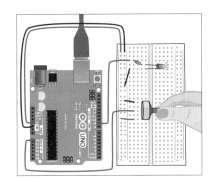

图 7.16　转动电位器，使 LED 变亮

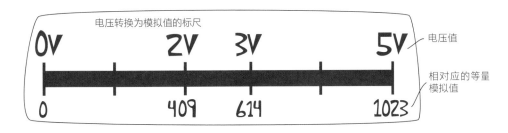

电压转换为模拟值的标尺

| 0V | | 2V | 3V | | 5V | 电压值 |

| 0 | | 409 | 614 | | 1023 | 相对应的等量模拟值 |

图 7.17　电压转换为模拟值

如果电位器向 A0 引脚发送 2V 电压，则在该引脚上读取的模拟值为 409。如果将电位器调到 3V 电压，则读取的模拟值将是 614。

现在已经对模拟读取 analogRead () 函数有了更好的理解，接下来看看程序中的下一行代码。

调整值：map() 函数

下一步是调整传感器值并将其存储在一个新变量中，在循环 loop() 函数的下一行中，将会看到第二个变量——输出值，一个被赋值为映射 map() 函数的值。使用 map() 函数将一个传感器值等比例缩小并转换为另一范围的一个值。

循环 loop() 代码第二行：映射 map() 函数

```
// 将其映射到模拟输出的范围
outputValue = map(sensorValue, 0, 1023, 0, 255);
```

为什么要映射值？为什么不能用从引脚 A0 读取的值？在之前查看程序的时候，看到使用模拟写入 analogWrite() 函数，以此将值写入到引脚 9。这个函数的取值范围是 0 ~ 255。但是又因为这个读数来自模拟输入引脚，所以这个值的范围是 0~1023，因此必须将 0~1023 的数值范围转换为 0 ~ 255 的数值范围，以便将值传递给引脚 9 并使其能够被正确读取（见图 7.18）。

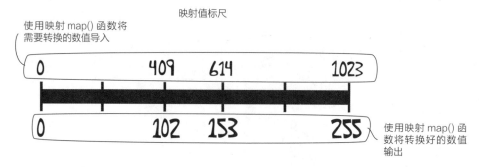

图 7.18　将范围从 0~1023 转换为 0~255

这里被保存到输出值的值是一个被缩小比例的数值。比如传感器读取的数值为 1023，那么映射 map() 函数会将变量输出值转换为 255。

通过给映射 map() 函数设置一定的范围，所有保存在输出值中的值几乎都会小于指定的原始读数。 唯一例外的是如果读取的传感器值为 0，那么保存在输出值的值仍然为 0。

> 注意 map()函数是用于将值从一个范围比例缩小到另一个范围。

将值写入到引脚：使用模拟写入 analogWrite() 函数

既然已经完成需要映射的值，那么准备把得到的数值发送给 LED 并使其被点亮。 此时程序执行的下一步便是将调整后的值写入到 LED 引脚。

使用模拟写入 analogWrite() 函数将模拟值发送到 Arduino 的某些引脚上，稍后将讨论这些特殊的引脚，在此之前先来看看程序中的模拟写入 analogWrite() 代码。

循环 map() 代码第三行：模拟写入 analogWrite() 函数

```
// 改变模拟输出值
analogWrite(analogOutPin, outputValue);
```

模拟写入 analogWrite() 函数类似于已经讨论过的数字写入 digitalWrite() 函数。使用模拟写入 analogWrite() 函数需要知道两件事情：要写入的引脚以及要写入该引脚的模拟值。 在这个程序中，将发送模拟输出的引脚设置为引脚 9，再使用映射 map() 函数设定变量输出值。通过发送一个介于 0~255 之间的模拟值，Arduino 会将 0~5V 之间的电压发送回 LED。 再来看看 0~255 范围的模拟值是如何映射到引脚上的电压值的吧（见图 7.19）。

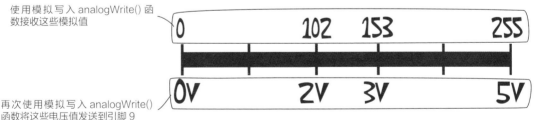

图 7.19　将 0~255 之间的模拟值映射回电压值

> 注意 使用模拟写入 analogWrite() 函数必须是取 0~255 之间的一个模拟值，然后将 0~5V 之间的电压值写入一个引脚中。

Arduino 可以通过使用名为 PWM 的进程发送模拟值。在后续章节中将探讨 PWM 是如何工作的。

模拟写入函数和数字写入函数有什么不同?

在进一步研究 analogWrite() 函数以及它如何与 PWM 协同工作之前,分析一下 analogRead() 函数和 analogWrite() 函数与前面章节中使用的 digitalRead() 函数和 digitalWrite() 函数的区别。 我们一直在做这样的比较,下面的表格(见表 7.1)列出了这四个功能的区别。

表 7.1　模拟和数字函数比较

函数名称	用途	参数变量	值的范围
digitalRead() 函数	读取数字输入引脚的值	指定要读取的引脚的数字	从引脚读取 1 或 0
digitalWrite() 函数	将一个值写入数字输出引脚	正要被写入值的引脚数字和它正在写入的值	从引脚写入 1 或 0
analogRead() 函数	读取模拟输入引脚的值	指定要读取的引脚的数字	从引脚读取 0~1023 之间的整数
analogWrite() 函数	用 PWM 将一个值写入输出引脚	正要被写入值的引脚数字和它正在写入的值	写入一个介于 0~255 之间的整数值到引脚,从而产生介于 0~5V 的电压值

思考　你能想到一个可能需要模拟信息构建的电路吗? 它与使用数字信息构建的电路有何不同?

7.5 输出的模拟值: PWM

正如你在前几章所看到的, Arduino 能够输出几个不同的电压值: 5V 或者是 3.3V。当用于控制电路元器件时, Arduino 上的所有 I/O 引脚都设置为输出 5V。如果 Arduino 在输出引脚上只能产生 5V 电压,那么如何创建模拟值? Arduino 有一项内置的功能,可以使用一种叫作脉宽调制的技术,即 PWM。那么 PWM 的工作原理是什么呢? 想象一下把房间的灯打开再关闭。房间会亮一会儿,然后又变暗了。如果持续低速地来回按开关,房间只会一会儿亮,一会儿暗,重复如此(见图 7.20)。

零基础学电子与Arduino: 给编程新手的开发板入门指南(全彩图解)

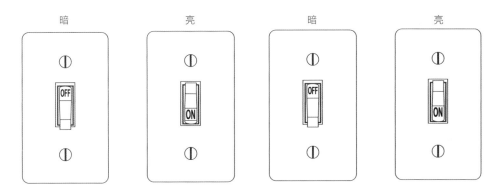

图 7.20　不断切换电灯开关

但是当越来越快地切换开关时，奇怪的事情就发生了。房间不再是一会亮，一会暗，而是会维持一个介于亮和暗之间的亮度。事实上，如果让灯开着的状态比关上的状态的时间略长一些，房间会变得更亮。房间会维持一个亮度水平，是一个平均亮度，其取决于灯开着的时间百分比相比于灯关着的时间百分比。

PWM 使用一种类似于不断开关电灯来创造一个更亮或者更暗的亮度水平的技术。当你在 Arduino 上使用 PWM 时，PWM 引脚上的电压水平按一定的间隔不同的频率切换开关。有时候是 0V，有时候是 5V（见图 7.21）。

PWM 信号，其中引脚不断地输出 0V 或 5V 电压

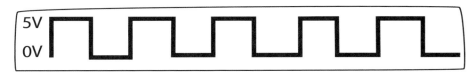

图 7.21　PWM 信号

> 注意　PWM通过快速开关引脚来产生平均值。

通过改变引脚开关状态时间的长短，Arduino 可以产生 0 ~ 5 之间的平均电压值。

PWM 引脚在哪

那么在 PWM 上可以使用哪些引脚呢？在 Arduino 右侧的那些数字引脚可以与 PWM 一起使用：引脚 3、引脚 5、引脚 6、引脚 9、引脚 10 和引脚 11。如你所见，这些引脚每个都用"~"符号标记了（见图 7.22）。

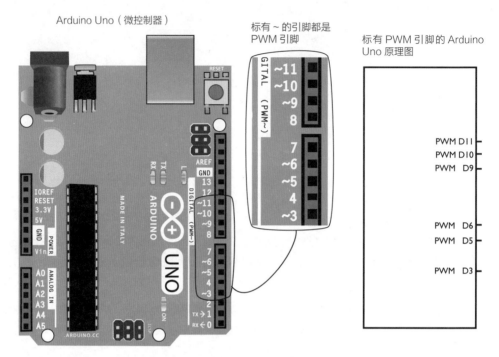

图 7.22　Arduino 上有标记的 PWM 引脚

问题

问：PWM 和 analogWrite() 是一样的吗？

答：不是，PWM 和 analogWrite() 有联系但是却不一样。analogWrite() 是 Arduino 的一个函数，它指令 Arduino 使用引脚来创建模拟值。这一函数使用 PWM 技术来创建模拟值。

问：PWM 开关引脚就能产生不同的值吗?

答：对的。由于 Arduino 快速地开关引脚，引脚就会产生有效的电压值，这个有效值就是引脚设置为峰值的平均时间。注意，Arduino 并没有产生不同的电压值，而是使用平均值的这个技巧来创建模拟值。

问：PWM 引脚也可以被用作数字引脚吗?

答：对的。这取决于你的电路和程序，可以把引脚 3、引脚 5、引脚 6、引脚 9、引脚 10 和引脚 11 用作数字引脚也可以用作 PWM 输出引脚。

7.6 串行通信

你已经看到了程序是如何使用 Arduino 从电位器获取信息,转换信息,然后将其发送给引脚来控制发光 LED 的。接下来讨论一下如何及为什么使用串行通信将值输出到计算机上。程序执行的倒数第二个步骤是将两个值输出到你的计算机上(从模拟输入引脚获取的值和发送到 LED 引脚的值),这样你就能看到它们是如何随时间变化的。

为什么需要在计算机上看到 Arduino 的输入和输出信息呢

因为有时候它可以帮助你发现一些信息来查看程序的运行情况。如果想调试电路的话,这一知识将派上用场。例如,你可以看到输入和输出引脚上面的值。我们会展示如何快速完成这一任务。

串行是什么意思

串行,在本书中,是一种通信协议。指的是两台设备可以通过两根电线发送信息来进行通信。通过把一根电线上的电压值从峰值切换到谷值,Arduino 可以将信息通过 USB 数据线传输计算机上(见图 7.23)。还记得在 Arduino 上标记 TX 和 RX 的数字输出引脚(数字引脚 1 和引脚 0)吗?这些引脚是用来与计算机通信的。TX 输出,RX 接收。

来自 Arduino 的信息显示在计算机的串行监视器窗口中

Serial Monitor

串行通信将值从 Arduino 发送到计算机

从 Arduino Uno 发送出来的值

图 7.23 串行通信允许 Arduino 与计算机对话

串行通信是 Arduino 与计算机通信的一种简单而有效的方法。Arduino IDE 包含一个称为串行监视器的窗口,这个窗口显示的是从 Arduino 接收到的信息,例如传感器检测到的值或者刚刚运行的是什么函数。

先来解释一下串行监视器,然后再来说代码。

使用串行监视器

串行监视器是 Arduino IDE 的一个特性,它显示了从 Arduino 接收到的信息。它有助于调试和了解传感器或可变电阻所产生的值。要打开串行监视器,单击 Arduino IDE 顶部的按钮即可(见图 7.24)。

串行监视器按钮

图 7.24　串行监视器按钮

当你打开串行监视器，能看到窗口显示的是来自 Arduino 的响应，和一个控制着计算机与 Arduino 之间通信速率也就是波特率的下拉菜单。正如之前所提到的，波特率是指计算机与 Arduino 之间互相对话的通信速率。在默认情况下，串行监视器的波特率会设置为 9600，这与 setup() 代码中的 Serial.begin() 函数设置的值相匹配。所以不需要做任何调整。

setup()

```
void setup() {
  // 将串行通信初始化为9600 bit/s
  Serial.begin(9600);
}
```

 注意 Arduino和计算机必须使用相同的通信速率：在Serial.begin()函数中设置的值。

图 7.25 显示了程序运行时串行监视器窗口的样子。

来自 Arduino 的信息

波特率下拉菜单

图 7.25　运行串行监视器

既然你已经知道了如何找到串行监视器，来探讨一下 loop() 代码中的串行对象的用法。

看这个串行代码

串行对象有两个函数可以向计算机发送信息：Serial.print() 和 Serial.println()。为了在计算机屏幕上格式化信息，这两个函数都应用于程序中。

打印到计算机上的 loop() 代码

```
Serial.print("sensor = ");
Serial.print(sensorValue);
Serial.print("\t output = ");
Serial.println(outputValue);
```

这四行代码一起会在串行监视器上输出成一行包括 sensor =（我们 sensor 的值）、标签、文本和 output =（映射的值）。这里有一个输出行的示例，该代码将在串行监视器中显示。

串行监视器输出

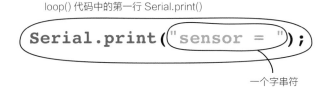

sensor = 302   output = 75

发送字符串到串行监视器

在第一行 Serial.print()，能看到文字是在引号里面。想要发送文字到串行监视器，需要使用字符串。

loop() 代码中的第一行 Serial.print()

Serial.print("sensor = ");

一个字串符

字符串代表的是编程语言中的文本。在代码中，任何字母、数字或者其他的字符（包括空格和标点符号）均由字符串表示。

为什么需要字符串？计算机通常只处理数字的值。有时候你需要在代码里使用文本，来传递文本信息或为其他数据提供语境。接下来将更细致地解释代码，并向你展示其工作原理。

怎样将字符串应用于代码中呢？给字符串加上引号来识别。引号括起来完整的字符组，包括所有的字母、空格和标点符号。

> 注意 在代码中文本是由字符串来表示的。任何字符，包括空格和标点符号都由字符串来表示。

输出到串行监视器上

现在要进一步研究每一行代码如何输出到串行监视器上。已知引号里的所有字符组成一个字符串，并将表示文本。还可以看到代码中引用的变量。来看看这些是如何与 Serial.print() 一起工作的。

> 注意 引号内的所有内容，包括空格和标点符号，都将被输出到串行监视器上。

从 loop() 打印到计算机的代码

```
第一行 ——— Serial.print("sensor = ");
第二行 ——— Serial.print(sensorVaWlue);
第三行 ——— Serial.print("\t output = ");
第四行 ——— Serial.println(outputValue);
```

代码的第一行输出的是字符串"sensor ="（包括等号前后的空格）。

Serial.print() 的第二行将输出变量 sensorValue 的值，是一个数字。如果没有引号，Arduino 将输出存储在变量中的数值，而不是变量的名称。

串行 loop() 代码的第三行再次使用引号，那么将输出一个字符串。然而，有一个新的符号："\t"是什么意思？"\t"会命令 Arduino 串行监视器在输出中加上一个标签——一组空格。

第四行输出的是变量 outputValue 的值。但是你用的是 Serial.println()，而不是 Serial.print()，因为 Serial.println() 会输出一个换行符。

记住，当调节电位器时，你在串行监视器中看到的 sensorValue 和 outputValue 的值会发生变化。

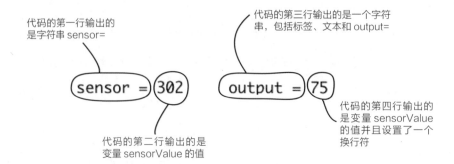

代码的第一行输出的是字符串 sensor=

代码的第三行输出的是一个字符串，包括标签、文本和 output=

代码的第二行输出的是变量 sensorValue 的值

代码的第四行输出的是变量 sensorValue 的值并且设置了一个换行符

串行代码的最后一行使用了 Serial.println() 而不是 Serial.print()。你可以看到 Serial.println() 自动添加了一个换行符；这对代码出现在串行监视器中的方式有何影响呢？

loop() 代码中的最后一行 Serial.println() 函数

Serial.println(outputValuWe);

换行符意思是下一次你输出到串行监视器上的内容（包括下一次通过 loop() 代码输出）会另起一行显示。

Serial.print() 和 Serial.println() 唯一的区别就是换行符，这样可以更容易地读取串行监视器中的信息。

注意 Serial.println()包括一个换行符，这个符号能够使串行信息更方便读取。

且因为这个代码在 loop() 中，会不断出现新的行。如果调整电位器，变量的值就会改变。

这就是串行监视器
中代码的显示方式

sensor = 302   output = 75
sensor = 303   output = 75
sensor = 306   output = 76

这些值意味着什么？它们和之前看到的那些数字又有什么关系？传感器是在引脚 A0 上读取电压（0 ~ 5V）的值并且用 analogRead() 函数将其设置为一个 0 ~ 1023 的范围。输出的值是传感器使用 map() 函数从引脚 9 映射到 0 ~ 255 的值。

loop() 代码最后一行：delay()

最后一步就是等一小会儿的时间（2ms）再进行下一次读取。这是通过单独一行代码完成的，其中包括你在前几章中看到的 delay() 函数。

2ms 的延迟

delay(2);

这一延迟让程序暂停了片刻，以便传感器有足够的时间读取另一个读数。每秒钟可以测量精确的传感器读数的数量是有限制的，所以，延迟可以帮助传感器有足够长的时间进行读取。

LEA7_AnalogInOutSerial 总结

如你所见，loop() 代码从模拟输入引脚读取模拟值，将这个值缩小到更小的数值，再将模拟值写入 PWM 引脚，并将所有这些步骤的结果输出到串行监视器上，然后你就可以看到这些值是如何变化的。

模拟输出值可以是 0V（关闭状态）和 5V（全开状态）之间的任何数字，这个值可以改变 LED 的亮度。比如在 3.5V 这样的中间点，LED 的亮度要小于 5V 时的高度。你还能以这种方式调节什么？接下来，你将连接一个扬声器。

问题

问：除了 Serial.begin()、Serial.print() 和 Serial.println()，还有其他函数使用 Serial 吗？

答：还有一些，包括 Serial.write() 和 Serial.read()，这些也是用来与计算机通信的。

问：我们为什么要麻烦地使用特殊字符 \t 创建一个标签呢？还需要了解其他特殊的字符吗？

答：使用 \t 使串行监视器中的输出更容易读取，这也是我们使用它的唯一原因。还有许多其他特殊字符：比如 \n，它可以创建一个新行。其编排文本的格式相似于使用 Serial.println()——加了一个换行符。

问：我之前听说过字符串：它们是编程语言中描述文本的一种方式，对吗？

答：是的，字符，包括空格和标点，在许多编程语言中都被称为字符串。

想一想

你还想从 Arduino 发送哪些信息到计算机上帮助你调试程序呢？

之前已经发送过了模拟传感器读数，但是还可以输出字符串（检查是否有什么情况发生，像按钮被按下）或者数字读数。

你已经看到了，当连接到模拟输入时，电位器可以给你一个范围的值，并且知道如何使用 PWM 输出引脚将这些值映射到程序中来得到能够使用的值。现在来给电路加一个扬声器，用模拟值控制声调。

7.7 添加扬声器

你将保留当前电路中的所有元器件并添加一个扬声器（见图 7.26）。LED 和扬声器都将使用通过转动电位器产生的电压值控制它们的特性。

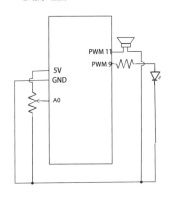

有扬声器、LED 和电位器的电路原理图

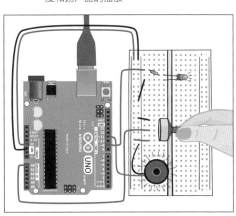

带有电位器的电路控制 LED 的亮度和扬声器的播放

图 7.26　给电路添加一个扬声器

添加的部分

18Ω 的扬声器

将扬声器的一端连接到引脚 11，另一端连接地面。记住，扬声器不区分方向（见图 7.27）。

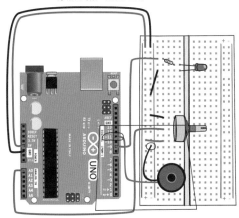

添加了扬声器的电路

一端连接引脚 11，另一端连接在电路试验板（面包板）的接地线上的细节

图 7.27　将扬声器连接到电位器电路

把扬声器添加到电路中之后，把计算机连接到 Arduino 上，然后开启 LEA7_AnalogInOutSerial 程序，稍做调整。

升级代码

把你的程序存为 LEA7_VariableResistorTone。你需要添加两行代码才能使用扬声器：在初始化部分，添加一个变量来保存与扬声器相连的引脚的值的代码；在 loop() 部分，增加 tone() 函数。还需要给每一行做注释以解释其功用。

```
// 电位器连接的模拟输入引脚
const int analogInPin = A0;
// LED连接的模拟输出引脚
const int analogOutPin = 9;
// 扬声器连接的模拟输出引脚
const int speakerOutPin = 11;          变量控制连接
                                       扬声器的引脚

int sensorValue = 0;      // 从电位器中读取的数值
int outputValue = 0;      // 值输出到PWM（模拟输出）

void setup() {
  // 以9600bps初始化串行通信
  Serial.begin(9600);
}
void loop() {
  // 读取模拟值：
  sensorValue = analogRead(analogInPin);
  // 将其映射到模拟输出的范围：
  outputValue = map(sensorValue, 0, 1024, 0, 255);
  // 改变模拟输出值：
  analogWrite(analogOutPin, outputValue);
  //调用 tone函数
  tone(speakerOutPin, sensorValue);      调用 tone() 函数
  // 将结果输出到串行监视器
  Serial.print("sensor = " );
  Serial.print(sensorValue);
  Serial.print("\t output = ");
  Serial.println(outputValue);

  delay(2);
}
```

LEA7_VariableResistorTone

一旦你添加完这些代码行（初始化变量来保持扬声器引脚，调用 tone() 函数，为每一行代码做注释），就将计算机连接到 Arduino。校验并上传你的编程。

再次注意使用的是电位器来设置扬声器的音高（见图 7.28）。你转动电位器，音高会随之改变，LED 变亮，音高变高，LED 变暗，音高变低。

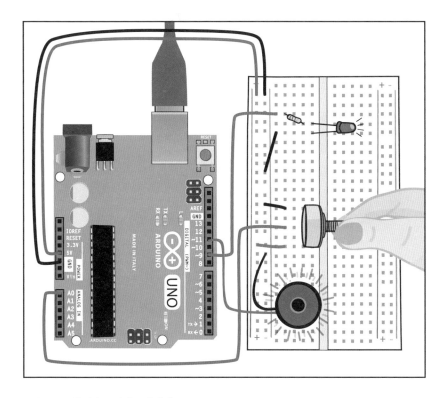

图 7.28　转动电位器来调节音高

在继续用光敏电阻来代替电位器建立热敏元件之前，认真学一下 tone() 函数的调用。

```
tone(speakerOutPin, sensorValue);
```

你也许还记得在第 6 章（"开关、LED 及其他"）中提及的，当使用 tone() 函数时，需要两个参数：连接扬声器的引脚和注释的值，在本例中，变量 speakerOutPin 设置为引脚 11 和播放的音调频率，这里设置为变量 sensorValue，就是在引脚 A0 上读取电位器所产生的值。你不需要将这个值映射到更小的范围，因为 tone() 函数所接受的频率范围比 0 ~ 255 大得多。

既然已经用电位器和扬声器组成了电路，接下来要换一个光敏电阻的电位器创建泰勒明电子琴了。

7.8 添加光敏电阻

把光敏电阻放在面包板上，一端和模拟引脚 A0 的跳线是在同一排的连接点上（见图 7.29），另一端应该在下面一排的连接点上。光敏电阻不区分方向。

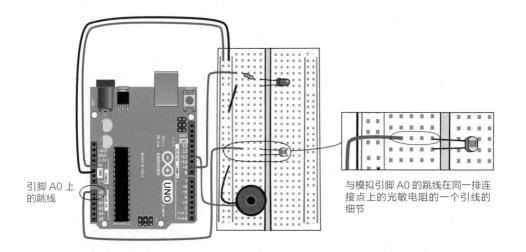

引脚 A0 上
的跳线

与模拟引脚 A0 的跳线在同一排连
接点上的光敏电阻的一个引线的
细节

图 7.29　在电路中加入光敏电阻

注意 光敏电阻不区分方向。

接下来，添加一个跳线连接光敏电阻的另一端到电源总线（见图 7.30）。

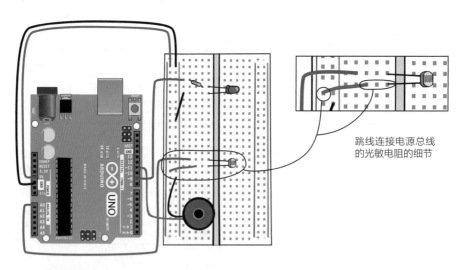

跳线连接电源总线
的光敏电阻的细节

图 7.30　给电源连接跳线

现在开始在与引脚 A0 跳线同一排的连接点处添加 10 kΩ 的电阻，同时也连接光敏电阻（见图 7.31）。
10kΩ 电阻的另一端用跳线连接到接地线。

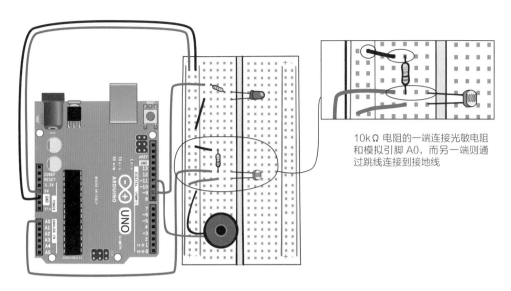

10kΩ 电阻的一端连接光敏电阻和模拟引脚 A0，而另一端则通过跳线连接到接地线

图 7.31　10 kΩ 电阻电路

现在已经完成了电路。把计算机通过 USB 数据线连接到 Arduino 上，看看会发生什么（见图 7.32）。

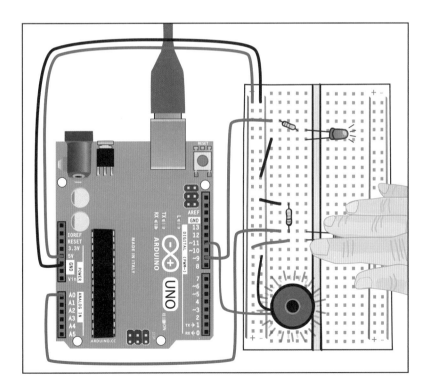

图 7.32　测试完成的电路

分压器

用电阻串联光敏电阻的排列就是一个叫作分压器的很常见的电路的示例。在使用一些传感器时，例如光敏电阻，分压器都是有用的，但不是所有的电路都需要分压器。为了更好地理解分压器的功能，可以把它想象成把大电压变成小电压。

当你在电路上使用电位器时为什么不需要另一个电阻呢？它含有一个带滑动片的电阻，可以把电阻分成两半（见图7.33）。移动滑动片调整两边的电阻。

电位器的内部

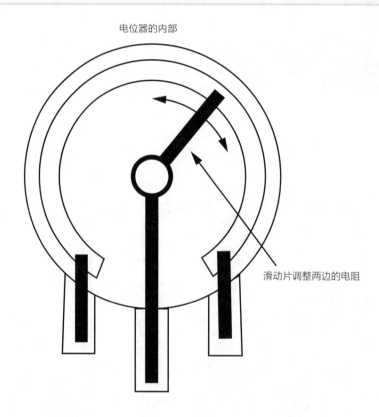

滑动片调整两边的电阻

图 7.33　电位器的内部示意图

光敏电阻调节音高音调

可以通过移动你的手靠近或远离光敏电阻来播放不同的音高音调。改变落在光敏电阻上的光照量可以改变其阻值。上下移动你的手，就会听到诡异的音调改变音高（见图7.34）。

可以尝试用手电筒照一下光敏电阻（见图7.35）；当达到最大亮度水平时，音高也会飙升。

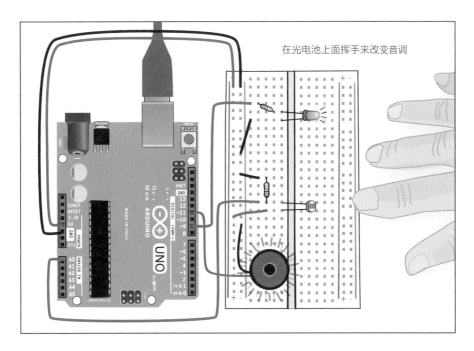

在光电池上面挥手来改变音调

图 7.34 当光敏电阻暴露在不同的光线下时，音调会发生变化

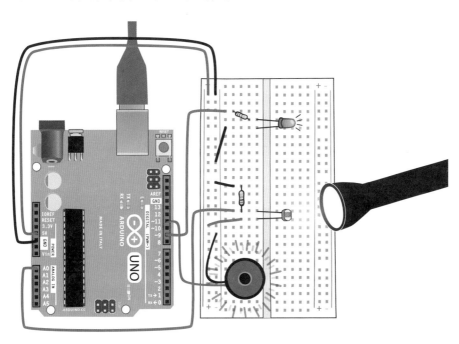

图 7.35 用手电筒照射光敏电阻

为什么代码没有变化？

当用光敏电阻替换电位器时是不需要改变代码的。怎么会这样呢？正如之前所描述的，光敏电阻和电位器的工作原理是一样的。这两种可变电阻都改变了电路中的电阻值，根据欧姆定律，改变电阻就可以改变 Arduino 上的电压值（还有电流）。为灯光编写的代码同时适用于电位器、光敏电阻或者其他任何你想用的可变电阻。

读取串行输出

串行窗口显示的是光敏电阻所感知的值，但这些数字又意味着什么？照射在光敏电阻上的光越多，电阻阻值越小，因此传感器值越高（见图 7.36）。

数字越大，电阻阻值越小

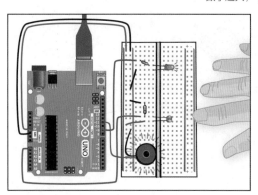
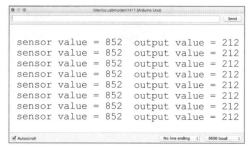

图 7.36　光的强度越大，电阻阻值越小

光敏电阻检测到的光照越少，传感器的电阻阻值就越高，串行监视器得上数字就越小（见图 7.37）。

数值越低，电阻越大

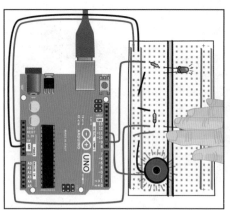
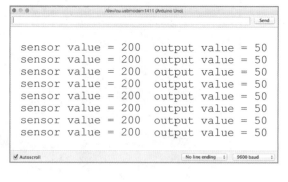

图 7.37　光照越少，电阻阻值越高

习惯于检查串行监视器中显示的信息是很好的做法。你可能需要用它排除问题。

7.9 总结

在本章中，你学习了如何在 Arduino 的模拟输入引脚上连接一个电位器和一个光敏电阻以获得一系列在程序中可使用的值。你了解了 PWM 的含义及 Arduino 是如何使用 PWM 引脚和 analogWrite() 函数模仿模拟输出的。现在你知道了如何将从输入端接收到的值的范围映射为恰好是输出端使用的范围。还学会了在 Arduino IDE 中使用串行监视器读取输入的值。在第 8 章中，将学习创建一个能转动电机的电路。

第 8 章　伺服电机

8

本　章将会在 Arduino 项目中加入电机，并会用到伺服电机，如图 8.1 所示。

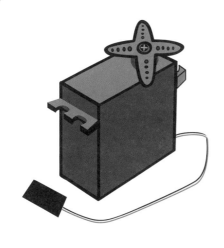 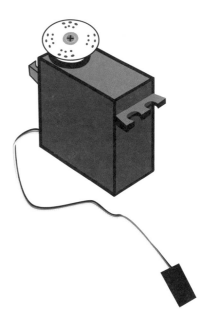

图 8.1　Hobby 伺服电机

伺服电机是一种可以通过简单的编程控制旋转速度和位置的电机。一个伺服电机的结构包含一套齿轮和一个控制器，这个控制器可以将转轴旋转至一个精确的电角度。伺服电机因其操作相对简单，可作为在项目中加入电机的一个良好入门。尽管市面上有很多种伺服电机，但是本书只推荐使用旋转电角度范围为 0 ~ 180 度的伺服电机。

首先，使用 Arduino IDE（集成开发环境）示例程序让伺服电机持续运转。然后用电位器控制伺服电机。最后，在电路中加入第二个伺服电机，然后调整程序，这样就可以通过旋转电位器同时控制两个伺服电机了。

我们还会介绍一些你之前从未遇到过的编程概念，包括 for 循环和自定义函数。

你将要使用的伺服电机叫作位置旋转伺服电机，其电角度限制在 180 度内，也就是全旋转角度的一半，旋转角度如图 8.2 所示。它可以在量程范围内精确地控制旋转角度，也就是说，如果你想要你的电机转轴指向任一个确定位置的话，它们会是最佳选择。

伺服电机可以用于各种各样的应用之中，包括 hobby 模型飞机、机器人以及形形色色的艺术作品等。

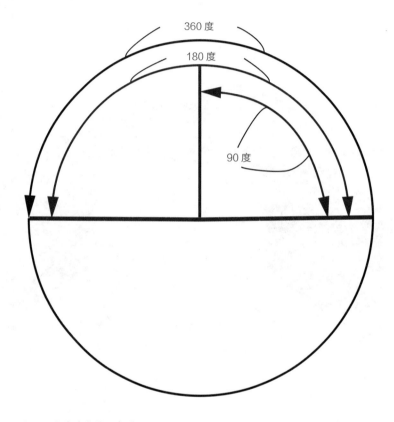

图 8.2　电角度旋转示意图

8.1 舞动旗帜

图 8.3 展示了将要构建的第一个项目的实物图。回顾一下模拟数据，进一步观察伺服电机，然后开始构建项目。

模拟数据回顾

在本书的第 7 章，我们学到模拟量相比于数字量来说，可以包含可能值的全部信息，而不是像数字量那样只包含两个可能的值 (1 或 0，真或假，高或低)。在 Arduino 程序中，可以看到可能值的数值通常映射到一个特定的范围内：对于输入值来说，在 0 到 1023 之间；对于输出值来说，则映射到 0 到 255 之间。数值范围越广，可完成的工作也就越多，而不是仅仅打开或关闭元器件。

伺服电机采用精确定位技术。在本章构建的项目中，你将学会使用模拟量来设置电机转轴的方向。

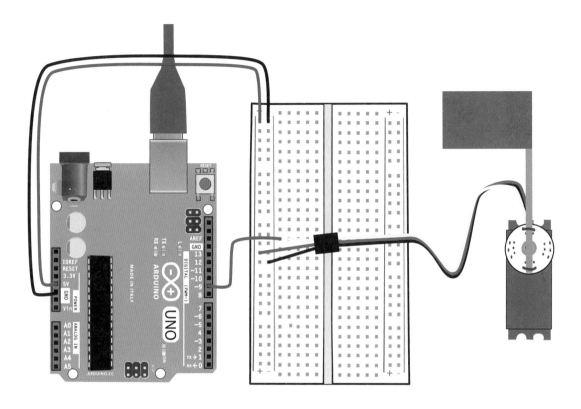

图 8.3　伺服电机将会转动且舞动旗帜

8.2 详细了解伺服电机

市面上有许多类型的伺服电机。建议使用电角度范围为 0 ～ 180 度、运行电压为 4.8 ～ 6V 的伺服电机。这种标准伺服电机可以从许多网络销售商或销售电子元器件的 hobby 商店中买到。

伺服电机部件

驱动伺服电机的机械装置（电机、齿轮和电路）都封装在一个电箱中。花键是从电箱中延伸出的、活动横梁的一个部件。伺服臂与花键连接。用螺丝把伺服臂固定在花键上。通常在伺服电机的安装材料包中会有各种各样可以连接到花键上的伺服臂、螺丝和其他引线，以便于根据项目的需要自由地调整它们。伺服电机就是为了伺服臂便于拆卸和更换而设计的。伺服系统通常还在正面和背面安装有支承法兰，以便于连接到你的项目中。

当你购买一个标准伺服电机时，会收到一个电机和一个包含安装硬件的安装包，如下图所示。

电缆线连接到电箱靠近底部的前面。共有三条彩色的导线：黑色导线用于接地，红色导线用于连接电源，第三条导线是控制线，它可以是黄色、蓝色或者白色。控制线需与 Arduino 的一个引脚相连接。在电缆线的末端有一个把它连接到电路中的插头或是连接器。图 8.4 展示了一个带有和不带有伺服臂的伺服电机。

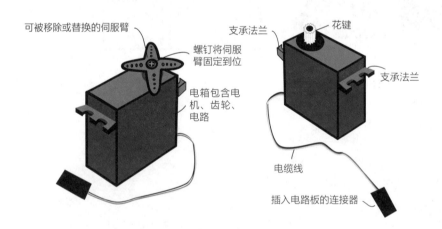

图 8.4　伺服电机附加说明，一个有伺服臂，另一个没有伺服臂

伺服电机会配备不同风格的伺服臂，你可以从中选出最适合你的项目的伺服臂（见图 8.5）。

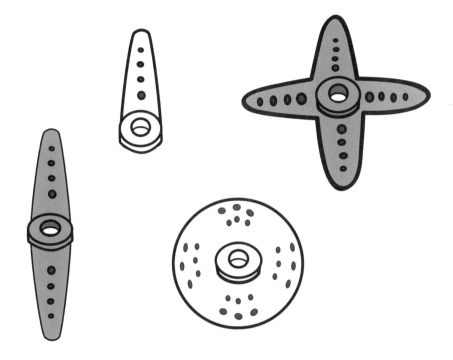

图 8-5　一些伺服臂

问题

问：为什么要从伺服电机开始，而不是其他类型的电机呢？

答：从伺服电机开始是因为它们易于控制。

问：我的项目还需要其他种类的电机吗？

答：是的，尽管伺服电机很有用，但不会适合每一个项目。有时由于电力需求或是将要执行特定任务，更适合用直流电机或步进电机。它们的电路连接和编程设计是不同的，本书不讲解该部分内容。

问：我的伺服电机的导线颜色和你提到的电线颜色不符，那么哪一条导线是接地线，哪一条导线是电源线呢？

答：在一些伺服系统中，接地线是棕色的，通常大多数 Hobby 伺服电机电源线是红色的，你也可以看看伺服电机前面的导线是怎么从电缆中出来的。通常情况下，接地线在右边，电源线在中间，控制线在左边。

8.3 逐步构建伺服电机电路

你需要以下零件:

- 标准伺服电机
- 面包板
- 跳线
- 木质咖啡搅拌器或纸板条
- 磁带
- 传动带
- 彩色纸
- Arduino Uno(Arduino USB 接口系列的最新版本,作为 Arduino 平台的参考标准模板)
- 通用串行总线电缆
- 安装了 Arduino IDE(集成开发环境)的计算机

图 8.6 展示了你将要构建的第一个项目的电路图和实物图。通常,面包板上的电源线和接地线连到 Arduino 的 5V 和 GND 上。你可以看见伺服电机有三条导线:一条接电源,一条接地,一条连接到 Arduino 的一个引脚上。

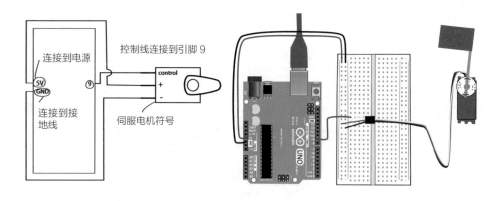

图 8.6 我们第一个伺服电机的电路图和实物图

构建伺服电机电路的准备

你已经看到了,伺服电机会装配一包不同的伺服臂。当你把它买来的时候,或许想要换掉它上面附有的伺服臂。用小螺丝刀来拆卸伺服臂上的螺丝钉,换上另一个,如图 8.7 所示。在示例中使用的是圆形的伺服臂。

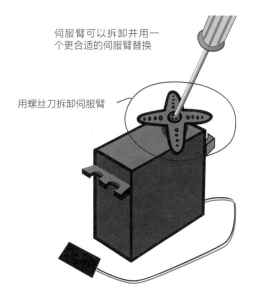

伺服臂可以拆卸并用一
个更合适的伺服臂替换

用螺丝刀拆卸伺服臂

图 8.7 拆卸伺服臂

用一个咖啡搅拌棒和一张彩色纸片做一个小旗，也可以用一条带有彩色泡沫塑料的硬纸板代替。用你身边能得到的任何材料去做一个小旗，然后用线把它系到伺服臂上，如图 8.8 所示。

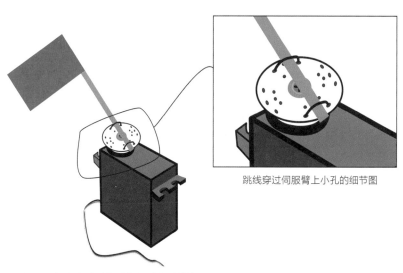

跳线穿过伺服臂上小孔的细节图

图 8.8 把小旗系到伺服电机的伺服臂上

在把伺服电机连到面包板上之前，必须先把跳线连到伺服电机的插头 / 连接器上。正如你所知道的一样，这有一条控制线，一条电源线和一条接地线。遵循颜色惯例（红色导线接电源，黑色导线接地）。如果你有一条和控制线颜色相同的跳线，那就用它，否则的话用除红色、黑色以外其他颜色的导线。在示例中（见图 8.9）控制线是黄色的，但有时可能会是其他颜色的线，例如白色。

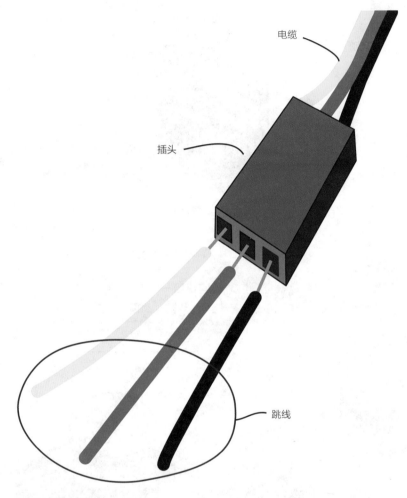

电缆

插头

跳线

图 8.9 伺服连接器特写

连接伺服电机

将 Arduino 上 GND 的跳线与面包板上的接地线相连接，Arduino 上 5V 的跳线与电源总线相连接。

现在将伺服电机连接到电路板上。将红色电源线连到电源总线上，黑色接地线连接到接地线上，然后把控制线放在它同排的连接点上（见图 8.10）。

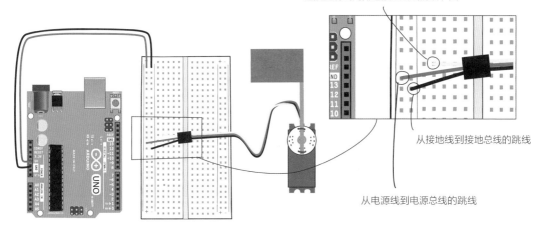

连接控制线同排连接点跳线的细节图

从接地线到接地总线的跳线

从电源线到电源总线的跳线

图 8.10　连接伺服电机与面包板

接下来，把从引脚 9 出来的跳线连接在从控制线出来的跳线同排的连接点上，如图 8.11 所示。你需要把伺服电机的控制线连到引脚 9 上，这是因为引脚的连接被附了将要下载的程序里。当然，你也可以连接从 2 到 13 的任何数字引脚，但程序中的引脚设置也要做相应更改。

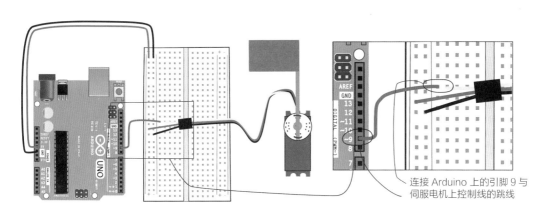

连接 Arduino 上的引脚 9 与
伺服电机上控制线的跳线

图 8.11　使用跳线连接伺服电机的控制线与 Arduino 上的引脚 9

现在你应该准备好从 Arduino IDE（集成开发环境）上下载程序了。

连接你的计算机，下载 Sweep（扫描）程序

我们已经完成了电路连接，为了运行伺服电机，需要下载一个程序到 Arduino 上。Arduino 上有了一些关于伺服电机使用方法的程序，对于第一个示例，将要用到包含一些示例程序的 Servo 文件夹中的 Sweep 程序。（操作步骤如下：File-Examples-Servo-Sweep。）

在打开程序之后，把它另存为 LEA8_Sweep。如果你还未完成这一步，将计算机连到 Arduino 上，然后下载程序。

挥舞旗帜！

你应该开始看到伺服电机把系在伺服臂上的小旗向一个方向转动了 180 度，然后再反方向转回到它的起始位置（见图 8.12）。只要 Arduino 还有电，小旗就会持续循环地做这些运动。仔细地看一下这些代码，以便了解每一行的作用。

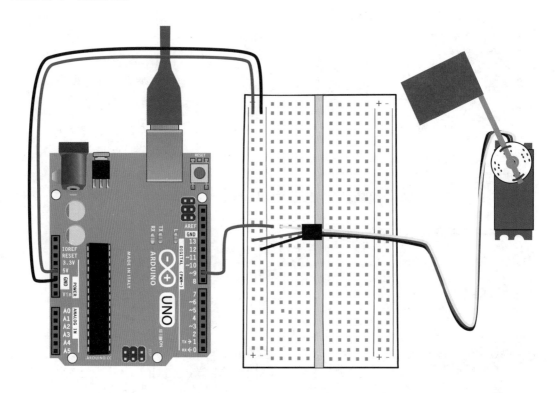

图 8.12　小旗在舞动

8.4 LEA8_Sweep 程序概述

在本章的一些程序段中，为了便于阅读删除了注释部分。图 8.13 展示了对程序的快速浏览。

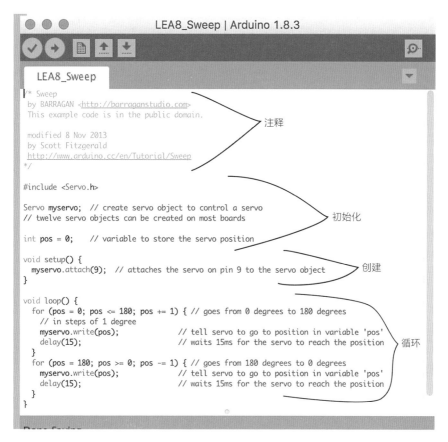

图 8.13   LEA8_Sweep 程序

初始化

在初始化部分首先看到的就是一行代码，这行代码将为你的 Arduino 增加额外功能。include 语句是指为 Arduino 加载一个库，它可以扩展 Arduino 的功能。库给了你访问其他人编写的代码的权限，而不必由你亲自编写所有代码，这大大扩展了 Arduino 的可能性。

那么如何去加载一个库呢？使用包含语句，#include，之后是一个开角括号，在本例中库的名字是 Servo，接下来扩展名为 .h，然后用一个闭角括号结束语句，不需要分号。

Arduino IDE(集成开发环境) 有许多已经加载好的库，同时它也允许你下载新的库。现在只需关注伺服库，还有它的功能。

在初始化部分的第 2 行，你会看到一种新的类型，命名为 Servo。在加载完伺服库之后，就可以创建一个有控制伺服电机功能的伺服对象。这一行创建了一个伺服对象，把它存储在一个叫作"myservo"的变量中。

创建伺服对象　　把它存储在一个变量中

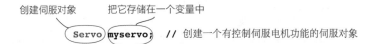

Servo myservo; // 创建一个有控制伺服电机功能的伺服对象

之前没讨论过对象，因为对对象的深入讨论超出了这本书的范围。把对象想象为一套带有附加功能和属性的模版——也就是说，可以在模版的基础上，在程序中创建几个不同的对象。尽管每个对象都遵循相同的基本结构，但是你可以改变它们的属性，例如"position(位置)"。

初始化部分程序的最后一行创建了一个叫作"pos"的变量，其值为 0。该变量用于为伺服电机设置位置。如果改变它的值，再把它应用到伺服电机，伺服电机将会转动到一个新的位置。你将会在 loop() 函数中看到如何改变这些值的代码。

"pos"变量声明，设置变量的值为 0，它设置了伺服电机的位置。

int pos = 0; // 声明用于为伺服电机设置位置

setup() 函数内部

在这段程序中，setup() 内部只包含了一行代码。其中 attach() 是一个新的函数，它使你的 Arduino 可以访问 Servo 库，以便于将你的定义的对象"myservo"和 Arduino 上的一个引脚相连。这样做会使你无论在何时引用"myservo"，都是在声明你用"myservo"指向的引脚，你可以通过这个引脚控制伺服电机。在这段程序中，伺服电机被连接到了引脚 9 上。

伺服对象　attach 函数

myservo.attach(9); //伺服电机连接到了引脚9上

引脚号

loop() 函数内部

这个 loop() 代码和过去看到过的代码有些不同，现在介绍下一个编程概念：for 循环。先看看这个代码，然后再详细讲解。

for 循环：在 loop() 函数内部编码

```
for (pos = 0; pos <= 180; pos += 1)   //以1度的步长从0度到180度移动
{
    myservo.write(pos);           //告诉伺服转到变量'pos'的位置
    delay(15);                    //等待伺服15分钟后到达位置
}
for (pos = 180; pos >= 0; pos -= 1)   //以1度的步长从180度到0度移动
{
    myservo.write(pos);           //告诉伺服转到变量'pos'的位置
    delay(15);                    //等待伺服15分钟后到达位置
}
```

8.5 for 循环是什么？

有时你可能会想要重复某一事件至特定次数或直到满足条件。for 循环允许你在一定条件下，重复某件事情至一定次数。在你的程序中，即将要使用 for 循环设定伺服电机转轴的位置。

在真正知道 for 循环在程序中起到什么作用之前，先仔细看看 for 循环的一个示例。在 Arduino 语言中，关键字 for 之后共有三个部分：初始化变量、迭代条件和迭代变量。

这是括号和大括号在循环中的使用方法。括号用来标记初始化变量、迭代条件和迭代变量部分。大括号用来标记代码块，或满足条件则被执行的语句。

现在在 Arduino 语言的语法中看一个 for 循环的示例。这个 for 循环在串行监视器上输出 0 ~ 9 的整数。

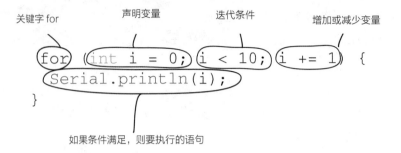

关键字 for　　声明变量　　迭代条件　　增加或减少变量

```
for (int i = 0; i < 10; i += 1) {
    Serial.println(i);
}
```

如果条件满足，则要执行的语句

想一想

如果把 for 循环放在 setup() 中，它的工作方式将有何不同？放在 loop() 中又将如何工作呢？

for 循环是怎样工作的

在 for 循环中，各部分工作的顺序是什么？仔细看图 8.14。

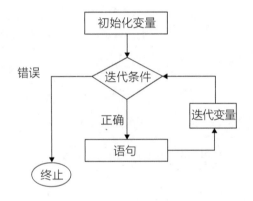

图 8.14　for 循环流程图

在 for 循环中首先发生的部分是初始化变量（见图 8.15）。创建一个临时变量计算 for 循环执行的次数。for 循环将会执行一定的次数。

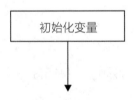

图 8.15　初始化是第一步

for 循环将会执行多少次？这取决于 for 循环的下一步：迭代条件，如图 8.16 所示。如果迭代条件为真，则将会执行大括号内的语句。一旦迭代条件的值不为真，for 循环即终止。稍后我们将会讨论更多关于创建不同类型的迭代条件。

图 8.16　迭代条件

如果迭代条件为真（见图 8.17），那么执行语句 / 指令，之后迭代变量。这通常意味着把变量值增加 1，但你也能通过其他的方法改变变量的数值使循环继续下去。一旦迭代了变量，for 循环就会返回到迭代条件中。如果迭代条件仍为真，那么数值继续迭代。

只有当迭代条件为假的时候，如图 8.18 所示，for 循环终止。

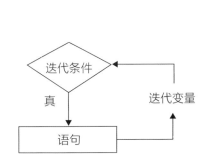

图 8.17　如果条件为真，执行语句，之后迭代

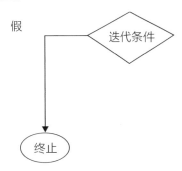

图 8.18　测试值为假时，for 循环终止

再看看示例中的代码循环（见图 8.19）。

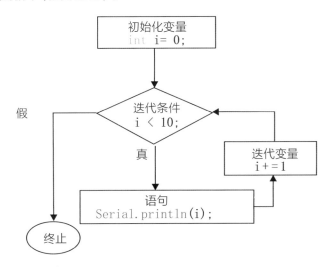

图 8.19　有代码的 for 循环流程示意图

在我们继续之前，要仔细看 for 循环的迭代条件部分，这些涉及运算符号的概念。

8.6 运算符

运算符的作用是对数值进行数学运算或逻辑评估。它可以用作 for 循环迭代条件的判断。 基本算术法的加、减、乘、除都是运算符的示例。这有几种不同类型的运算符。

比较运算符

仔细观察迭代条件，首先是变量 i，然后是符号 < ，最后是 10（i<10）。这是什么意思呢？它意味着变量 i 比整数 10 小吗？你知道变量 i 在 for 循环的初始化部分初始值被设置为 0。符号 < 代表"比……小"；它检查变量值 i 与数值 10 的关系。在本文中，它叫作比较运算符。比较运算符被用在逻辑语句中，比如 for 循环中的迭代条件或者 if 语句中的判断条件，它用来判断一个语句是对还是错。

表 8.1 展示了在 Arduino 语言中的常用运算符。

表 8.1 逻辑比较运算符

比较运算符	比较运算符的含义	示例	示例的含义
>	大于	x > 0	x 比 0 大
<	小于	x < 10	x 比 10 小
>=	大于或等于	x >= 0	x 大于或等于 0
<=	小于或等于	x <= 10	x 小于或等于 10
==	等于	x == 10	x 等于 10
!=	不等于	x != 10	x 不等于 10

复合运算符

当讨论运算符的时候，你会注意到，在循环中的迭代部分使用了一种不同的运算符。变量 i 后面是"+="，再后面是 1。这意味着将在变量值中加 1。符号"+="表示你想要把符号右边的值加到左边的变量中去。在此示例中，它的意味着把 1 加到变量 i 中。

这种运算符叫作复合运算符。复合运算符执行某种数学操作。表 8.2 列举了在 Arduino 语言中常用的

零基础学电子与Arduino：给编程新手的开发板入门指南（全彩图解）

复合运算符。在表 8.2 中的每个示例中，x 初始值设置为 10。

表 8.2　x 初始值设置为 10 的时候，使用复合运算符的结果

复合运算符	它的含义	示例	示例的含义
++	加 1	x++	x 现在等于 11
--	减 1	x--	x 现在等于 9
+=	用左边的值加上右边的值	x += 2	x 现在等于 12
-=	用左边的值减掉右边的值	x -= 2	x 现在等于 8
*=	用左边的值乘以右边的值	x *= 5	x 现在等于 50
/=	用左边的值除以右边的值	x /= 2	x 现在等于 5

8.7 程序中的 for 循环

那么如何利用 for 循环帮助转动伺服电机呢？看看代码中的第一个 for 循环。把它细分来讲，在初始化部分设变量 pos 为 0。迭代条件检查变量 pos 是否小于等于 180，如果是这样，在 pos 中增加（迭代）一个 1。在这里不必使用 int 来声明 pos 的类型，因为 pos 在初始化部分就已经被声明了。

```
for (pos = 0; pos <= 180; pos += 1)    //以1度的步长从0度到180度移动
{
    myservo.write(pos);                //告诉伺服转到变量'pos'的位置
    delay(15);                         //等待伺服15分钟到达位置
}
```

for 循环每次都执行什么功能？只要 pos 的值小于等于 180，Arduino 就会把 pos 的值传给伺服电机，该值将会驱使伺服电机转动至 0 ～ 180 度之间的某一位置。Arduino 写下这个位置之后，会有 15 毫秒（ms）的延迟。

因为 for 循环持续 0 ～ 180 度之间的每一个值，伺服电机将会在第一个 for 循环中从 0 度旋转至 180 度。这也需要几秒的时间（在每个动作之间有短暂的停顿），但是伺服电机整体上看起来相对流畅。如果移除调整延迟的时间，运动的平滑度则会改变。

为什么 for 循环在 0 ～ 180 之间计数呢？因为那代表标准伺服电机的转轴能运动的范围。把它想象成从 0 度到 180 度。

在这段程序中的第二个 for 循环与第一个大体相同。它将 pos 的值设置为以 180 开始，而不是从 0 开始。那么 180 是什么呢？因为第二个循环需要以第一个循环的最后位置为起始点，也就是伺服电机的最终位置。

```
for (pos = 180; pos >= 0; pos -= 1)      //以1度的步长从180度到0度移动
{
    myservo.write(pos);                  //告诉伺服转到变量'pos'的位置
    delay(15);                           //等待伺服15分钟到达位置
}
```

除了有不同的起始点之外，第二个 for 循环在每次循环中递减 1。这样的话，伺服电机以 180 度开始，缓慢转回至 0 度。

一旦完成第二次 for 循环，完整的 Arduino loop() 功能也就完成了。随后 Arduino 也将返回 loop() 的初始位置，重复原来的步骤，正如之前见过的其他 loop() 功能一样。

问题

问：for 循环还用在其他编程语言中，对吗？

答：是的，for 循环通常用于许多不同种类的编程语言中。当某件事需要重复至某一特定次数时，就会使用 for 循环。

问：在 Arduino 编程语言中，除了 for 循环还有其他类型的循环吗？

答：是的，还有 while 循环和 do 循环。

想一想

既然已经知道伺服电机是怎样操作的，想想它们的一些用途。你之前见过哪些使用伺服电机的设备？你想要创建的什么项目会需要使用这种运动方式呢？

8.8 增加交互性：转动旗子

现在你应该已基本了解伺服电机如何通过 Arduino 代码运行了，接下来要试着实现伺服电路交互。下面要讲的是利用电位器给出的信息定位伺服电机轴，而不是通过 Arduino 持续稳定地驱动伺服电机。一转动旋钮，伺服电机轴就会移动，因此，还需使用旋钮程序，这个程序可在 IDE 中的伺服电机示例中找到。但在上传程序之前，需安装电位器并对电路进行调整。

按步骤安装电位器

给电路安装电位器能够控制旗子的转动方向，将其设置在精准的位置。完成伺服电机的第一个电路后，伺服电机的控制线、电源线和接地线与面包板的连接保持不变，仅需将电位器添加到电路中即可。

需要以下配件:

▨ 一个 10kΩ 的电位器

▨ 跳线,图 8.20 显示了完工后的电路图以及实物绘图

提示 同样,需确保在改造电路前将Arduino断电。

如图 8.21 所示,将电位器放置在面包板上。

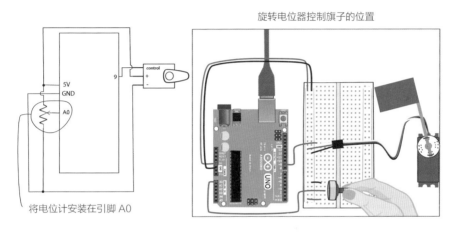

图 8.20 安装电位器的电路

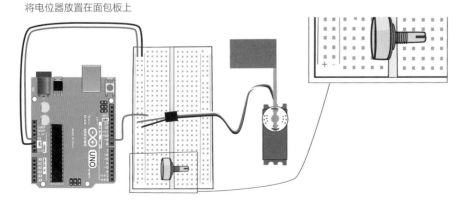

图 8.21 将电位器安装在面包板上

通过跳线将电位器一端与接地总线相连,另一端与电源总线相连。将电位器中间的引脚与模拟输入引脚 A0 相连(见图 8.22)。

现在已完成了电路接线，接下来要打开 Arduino IDE 中的下一个程序。按照下列顺序 File-Examples-Servo-Knob 依次打开文件夹找到该程序。打开后，将其另存为 LEA8_Knob。连接计算机与 Arduino，单击 Verify（校验）核对代码，然后单击 Upload（上传）将其上传至 Arduino。

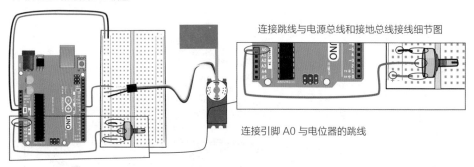

用跳线将电位器分别与电源总线、接地总线和引脚 A0 相连

连接跳线与电源总线和接地总线接线细节图

连接引脚 A0 与电位器的跳线

图 8.22　连接跳线与电位器

现在旗子应该会随着电位器转动而转动。

使用电位器时如何改变程序

快速地浏览程序，它和 LEA8_Sweep 程序类似，但有一些地方明显不同，随后会有详细说明。

```
#include <Servo.h>

Servo myservo;  // 创建伺服对象来控制伺服

int potpin = 0;  // 模拟引脚用于连接电位器
int val;       // 变量用于读取模拟引脚的数值

void setup()
{
  myservo.attach(9);
    // 将引脚上的伺服连接到伺服对象
}

void loop()
{
  // 读取电位器的数值（数值介于0到1023之间）
  val = analogRead(potpin);
  // 将其缩放以与伺服一起使用（数值介于0和180之间）
  val = map(val, 0, 1023, 0, 180);
  // 根据缩放值设置伺服位置
  myservo.write(val);
  // 等待伺服到达
  delay(15);
}
```

初始化

在 setup 中连接伺服电机

读取、映射数值并将数值写入伺服电机的循环中

8.9 LEA8_Knob 说明

和 LEA8_Sweep 一样，该程序控制与伺服电机轴相连的伺服臂的位置，这取决于 Arduino 所发送的数值。但是，这次需要去控制转动幅度，当你转动电位器时，就改变了 Arduino 接收和发送至伺服电机的数值。

初始化

在该伺服程序中，和之前一样，在初始化部分首先会看到 include 语句，用来下载伺服库。正如之前看到的，这些伺服库扩展了 Arduino 的功能，使其能够执行特定功能或以简洁的方式与一些类型的技术交互，从而简化了代码编写。

$$\texttt{\#include <Servo.h>}$$

初始化部分第二行和 LEA8_Sweep 一样，用来创建新的伺服对象，命名为 myservo。该对象能够使用伺服库的功能，与伺服电机交互。

初始化部分还包含了一个模拟引脚变量，该引脚与电位器相连。第 7 章已经讲述，通过连接电位器与模拟引脚 0，能够读取 0 ~ 1023 之间的数字，而不仅仅是从数字引脚上读取的高或低。最后，初始化程序中的最后一行创建了一个叫作 val 的变量，用于储存电位器输出的数值并将其发送至伺服电机。

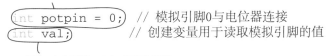

setup() 的代码

此程序中 setup() 部分仅包含一行代码。仍使用 attach() 将 Arduino 上的一个引脚与命名为 myservo 的伺服对象进行连接。这样做意味着无论何时引用 myservo，都指的是引脚 9，这和 digitalwrite() 函数中见到的引脚名称一样。这里，需要将伺服电机的控制线与引脚 9 连接。

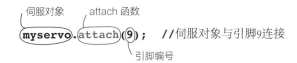

loop() 的代码

loop() 代码部分与第 7 章类似。第一步，使用 analogRead() 函数读取引脚 A0 上电位器的读数，将其存储在变量 val 中。通过该设置，val 值会在 0 ~ 1023 之间，即模拟引脚可能的数值范围内。

val 保存 analogRead() 函数从电位器读取的数值

```
val = analogRead(potpin);
// 读取电位器的读数(值在0~1023之间)
```

下一步，使用 map() 函数调整电位器读数值，与伺服电机移动角度匹配。由于伺服电机能够转动 180 度，因此可将数值换算为0 ~ 180。这样，在发送数值至伺服电机时，会是度数值。新的换算值也会保存在val 变量中。

通过 map() 函数将 val 变量值换算为适用于伺服电机的区间，即 0 ~ 180 之间

```
val = map(val, 0, 1023, 0, 180);
// 换算为适用于伺服电机的区间 (0~180)
```

下一步，用伺服对象的 write() 函数将换算的 val 变量写至连接引脚 9 的伺服电机。再次强调，它不能以 val 变量以外的度数转动伺服电机，但会从 0 移动至 val 变量的度数。例如，如果 val 为 90，它会始终将伺服电机轴移至中间点。

```
// 按换算值设置伺服电机位置
myservo.write(val);
```

loop() 代码最后一行会将 Arduino 程序延迟 15 毫秒（ms）。这极短的延迟能够使伺服电机移至正确的位置，因为移动不是即时发生的。同时，也给 Arduino 多一点时间读取下一个电位器值，从整体上确保度数的准确性。

```
// 等待伺服电机移至正确的位置
delay(15);
```

8.10 两面旗子：增加一个伺服电机

下面给电路再安装一个伺服电机，并会用电位器给出的信息设置两个伺服电机的位置。这次要制作一个旗子飘动信号系统。

在该项目程序中，将会学到如何编写自定义函数，还会学到更多有关在条件语句中使用逻辑运算的知识。

如果你曾给 LEA8_Knob 程序做过回路，那么该回路与其大致相同，唯一不同之处就是添加了一个伺服电机。

需要以下工具：

▦ 伺服电机 ▦ 彩纸

▦ 跳线 ▦ 胶带

▦ 咖啡搅拌棒或硬纸板条

图 8.23 所示为电路图以及实物图。

首先将带纸质旗子的木制搅拌器连接到伺服臂上，与第一个伺服的操作一样（见图 8.24）。通过匹配电源和接地线的颜色，将跳线连接到伺服连接器（见图 8.25），然后连接控制线。

现在将跳线连接到面包板，如图 8.26 所示。和之前的操作一样，将连接到电源线的跳线连接到电源总线，将连接到接地线的跳线连接到接地总线。将控制线连接到一排连接点上。最后，将引脚 10 连接到与控制线的跳线相同的一排连接点上。

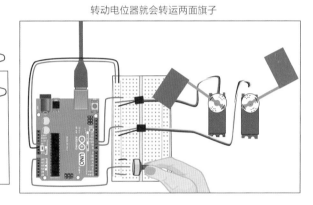

图 8.23 2 个伺服电路的原理图及实物图

首先将木制搅拌器连接到伺服臂上，如图 8.24 所示。

图 8.24 将旗子与伺服臂相连

将跳线连接到伺服连接器，如图 8.25 所示。

电缆

插头

跳线

图 8.25　将跳线与伺服接头相连

现在将跳线连接到面包板，如图 8.26 所示。

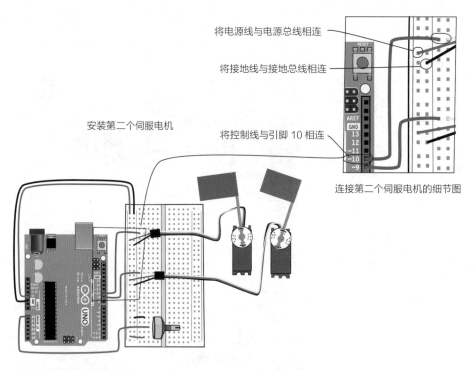

将电源线与电源总线相连

将接地线与接地总线相连

安装第二个伺服电机

将控制线与引脚 10 相连

连接第二个伺服电机的细节图

图 8.26　连接第二个伺服电机

在将 Arduino 连接至计算机前，必须对代码进行调整。下面开始研究该程序。

8.11　初步了解 LEA8_2_servos

将 LEA8_Knob 另存为 LEA8_2_servos。接下来需要调整该代码。在 LEA8_2_servos 程序中，初

始化部分与之前的示例类似，setup() 也一样，但是 loop() 中会有一些不同，稍后会作说明。从图 8.27 可初步了解该代码。

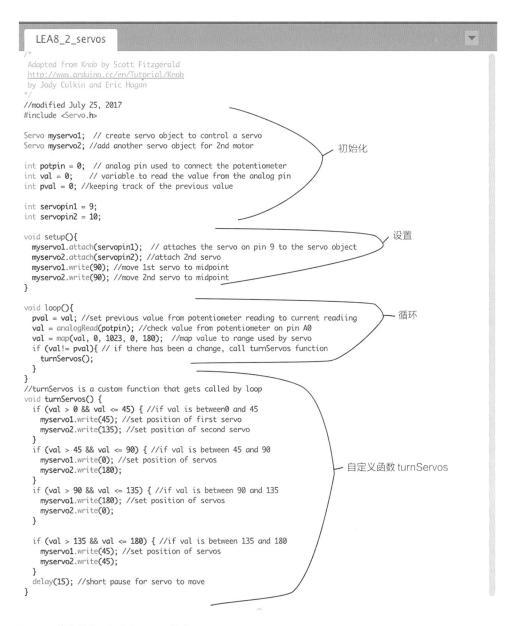

```
LEA8_2_servos                                                              ▼
/*
Adapted from Knob by Scott Fitzgerald
http://www.arduino.cc/en/Tutorial/Knob
by Jody Culkin and Eric Hagan
*/
//modified July 25, 2017
#include <Servo.h>

Servo myservo1;  // create servo object to control a servo
Servo myservo2; //add another servo object for 2nd motor               初始化

int potpin = 0;  // analog pin used to connect the potentiometer
int val = 0;     // variable to read the value from the analog pin
int pval = 0; //keeping track of the previous value

int servopin1 = 9;
int servopin2 = 10;

void setup(){                                                           设置
  myservo1.attach(servopin1);  // attaches the servo on pin 9 to the servo object
  myservo2.attach(servopin2); //attach 2nd servo
  myservo1.write(90); //move 1st servo to midpoint
  myservo2.write(90); //move 2nd servo to midpoint
}

void loop(){                                                            循环
  pval = val; //set previous value from potentiometer reading to current reading
  val = analogRead(potpin); //check value from potentiometer on pin A0
  val = map(val, 0, 1023, 0, 180);  //map value to range used by servo
  if (val!= pval){ // if there has been a change, call turnServos function
    turnServos();
  }
}
//turnServos is a custom function that gets called by loop
void turnServos() {
  if (val > 0 && val <= 45) { //if val is between0 and 45
    myservo1.write(45); //set position of first servo
    myservo2.write(135); //set position of second servo
  }
  if (val > 45 && val <= 90) { //if val is between 45 and 90
    myservo1.write(0); //set position of servos
    myservo2.write(180);                                    自定义函数 turnServos
  }
  if (val > 90 && val <= 135) { //if val is between 90 and 135
    myservo1.write(180); //set position of servos
    myservo2.write(0);
  }

  if (val > 135 && val <= 180) { //if val is between 135 and 180
    myservo1.write(45); //set position of servos
    myservo2.write(45);
  }
  delay(15); //short pause for servo to move
}
```

图 8.27　带注解的 LEA8_2_servos 程序

一些注解可在代码分解说明中看到，以便代码更加清晰易懂。

初始化

之前提到，初始化部分与 LEA8_Knob 中对应部分极为相似。但也有一些不同：需要包含第二个伺服项目的变量，并且在变量中保存连接伺服的引脚编号，还要添加一个变量 pval 来保存之前数值。

LEA8_2_servo 程序的初始化

```
#include <Servo.h>
                        第 2 个伺服的变量
Servo myservo1;  // create servo object to control a servo
Servo myservo2;  //add another servo object for 2nd motor

int potpin = 0;  // analog pin used to connect the potentiometer
int val = 0;     // variable to read the value from the analog pin
int pval = 0;   // keeping track of the previous value
                        保留之前数值的变量
int servopin1 = 9;
int servopin2 = 10;
                        创建伺服项目控制伺服电机
```

Lea8_2_Servos 中的 setup() 函数

setup() 函数与 LEA8_Knob 程序相比有一些变化。需要使用变量 servopin1 和 servopin2 将伺服项目与引脚相连接。然后用伺服库的 write() 函数将第一个伺服移至中间点，最后再次用 write() 函数将第二个伺服移至中间点。

setup() 函数

```
void setup(){
  myservo1.attach(servopin1);     将引脚 9 上的伺服连接至伺服项目
    // attaches the servo on pin 9 to the servo object
  myservo2.attach(servopin2);     将引脚 10 上的伺服连接至伺服项目
    //attach 2nd servo
  myservo1.write(90);
    //move 1st servo to midpoint
  myservo2.write(90);             将两个伺服设至中间点
    //move 2nd servo to midpointW
}
```

loop() 函数概述

在 loop() 函数中，第一行将电位计之前的读数存入变量 pval。然后读取电位计当前的读数并映射。最后，使用条件语句确认 val 是否等于 pval，换句话说，即确认引脚读数是否发生变化。若发生变化，即可调用 turnServos() 函数。在该代码中你会发现之前未见过的新知识。下面会给出详细说明。

loop() 函数

```
void loop(){
  pval = val;        保存之前数值
    //set previous value from potentiometer reading to current reading
  val = analogRead(potpin);
    //check value from potentiometer on pin A0
  val = map(val, 0, 1023, 0, 180);
    //map value to range useSWd by servo
  if (val!=pval){     确认电位计计数是否发生变化
    // if there has been a change, call turnServos function
    turnServos();     若发生了变化，则调用函数
  }
}
```

使用条件语句比较电位计之前的读数与新读数。该条件语句使用了一个比较运算符：!=。该运算符用来比较两个读数，若两个读数不同，那么求值为真。（表 8.1 包含了相关比较运算符及各自含义。）

若 val 与 pval 值不等，则比较运算符！＝求值为真

```
if (val != pval){
  // if there has been a change, call turnServos function
  turnServos();
}
        调用 turnServos() 函数
```

若发生了变化，turnServos() 函数会被调用。turnServos() 为自定义函数，下一节会讲述相关内容。

创建一个自定义函数

在更新的伺服代码中已介绍过另一个新的代码概念：自定义函数。为什么需要创建自定义函数呢？首先快速回顾函数是什么。

> 注意 函数是能够执行一个特定动作或一系列动作且能被反复使用的代码块。

很多 Arduino 函数已被使用过：delay()、digitalWrite() 和 analogRead() 都是通过 Uno 执行某个特定任务的函数。前文中也编写过程序的 setup() 和 loop() 函数中的大部分代码。

那么编写自定义函数有什么好处呢？可以在 loop() 函数外将一些动作分组，只有在需要执行这些动作时才调用该函数。从而使代码更清晰易懂。

turnServos() 函数行的作用是什么呢？它用来调用所编写的自定义函数。之前提到，当变量 val 发生变化时，换句话说，即有人转动电位计时，会调用自定义函数。只有在电位计读数发生变化时

turnServos() 才会被调用，而并非每次 Arduino 执行 loop() 函数时均会被调用。

turnServos() 包含什么内容？首先以 void 为开头，随后为 turnServos，即函数名称，然后加上括号和一个左花括号，以及在 turnServos() 被调用时需要执行的指令，最后一行只有一个右花括号。

turnServos() 函数声明

名称

```
void turnServos() {
  if (val > 0 && val <= 45) { //if val is between 0 and 45
    myservo1.write(45); //set position of first servo
    myservo2.write(135); //set position of second servo
  }
  if (val > 45 && val <= 90) { //if val is between 45 and 90
    myservo1.write(0); //set position of servos
    myservo2.write(180);
  }
  if (val > 90 && val <= 135) { //if val is between 90 and 135
    myservo1.write(180); //set position of servos
    myservo2.write(0);
  }

  if (val > 135 && val <= 180) { //if val is between 135 and 180
    myservo1.write(45); //set position of servos
    myservo2.write(45);
  }
  delay(15); //short pause for servo to move
}
```

指令

创建自定义函数称作声明一个函数，需遵循 Arduino 编程语言的一些规则。

函数名称

开始花括号

以 void 开头

括号

注意 声明函数需遵循一些简单规则。函数必须以字母开头，且不能与Arduino保留字相同。名字最好能清楚表明该函数的具体功能。

接下来是一组括号。一些函数的参数或信息会被输入函数，作为调用该函数时的命令行参数。这些参数均包含在括号内。由于 turnServos() 没有任何参数，因此该括号内为空。括号后是一个左花括号，即之前用于划分代码块的标点符号。

本节有关函数声明的讨论一定看起来似曾相识，因为之前已经见过其中一些规则的使用。哪里用过呢？就是在 setup() 和 loop() 中！不同之处在于现在是自己在创建和命名函数。

你可以随时编写自定义函数，并且这些函数可以包含任何与 Arduino 兼容的代码。

调用自定义函数

当想要调用函数时，随时可以调用。自定义函数在 loop() 中调用。调用函数很简单，即该函数名称后加上括号和分号。

调用 turnServos() 函数

turnServos();

自上传第一个程序后，我们始终在不断调用 Arduino 内置函数。所使用的函数通常都有参数，因此只需将参数输入括号内。例如，在调用 delay() 函数时，会将延迟所需的毫秒数输入括号内。

delay(15);

调用 delay() 函数

自定义函数功能强大，能够扩展程序的功能。我们在此的探讨有限，只是介绍了此概念以及创建自定义函数的一般规则。毫无疑问，你们可以自己去探索更多相关知识。

turnServos() 的内容

我们知道 turnServos() 可以转动电机，但如何转动？它是根据电位计转动的幅度通过特定模式来定位两面旗子；旗子有时对立，有时平行。它的代码由一系列条件语句构成。下面详细说明第一个语句。

在该条件语句中，它测试了两个条件，即 val 是否大于 0 且 val 小于等于 45。要执行条件语句中的指令，val 值必须在 0 ~ 45 之间。

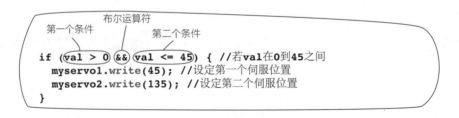

第一个条件　布尔运算符　第二个条件

```
if (val > 0 && val <= 45) { //若val在0到45之间
    myservo1.write(45); //设定第一个伺服位置
    myservo2.write(135); //设定第二个伺服位置
}
```

若第一个条件和第二个条件均为真，则执行指令。

符号 && 是布尔运算符的一种。这里，第一个条件和第二个条件必须都为真，才能设定伺服电机的位置。

布尔运算符

布尔运算符能够在试图决定采取何种行动时进行复杂求值。表 8.3 列出了布尔运算符及各自含义，并分别举例。

表 8.3　布尔运算符

布尔运算符	含义	示例	示例含义
&&	逻辑与	如果（a>0 && b<10）	若两个条件均为真，则求值为真
||	逻辑或	如果（a>0 || b<10）	若两个条件任一为真，则求值为真
!	非	如果（!a）	若条件为假，则求值为真

> **想一想**
>
> 尽管在本程序中仅使用了 &&，但能否思考一下如何使用其他运算符来改变程序的执行 / 逻辑呢？

turnServo() 函数和布尔运算符

再次浏览 turnServos() 函数中的第一个条件语句。若 val 值在 0 ~ 45 之间会发生什么？第一个伺服电机会转到 45° 的位置，第二个伺服电机会转到 135° 的位置。其原因是调动了两个伺服项目的 write() 函数，从而将 myservo1 和 myservo2 移动到了所需位置。

第一个条件　布尔运算符　第二个条件

```
if (val > 0 && val <= 45) { //若val在0到45之间
    myservo1.write(45); //设定第一个伺服位置
    myservo2.write(135); //设定第二个伺服位置
}
```

turnServos() 函数中的其他 3 个条件语句作用方式类似，也是测试 val 值，即电位计转动幅度，以及该值是否在特定范围内，然后 Arduino 会将两个伺服电机分别转动至 turnServos() 函数指定的新位置。

现在已完成程序，若未保存，那么请确保将其另存为 LEA8_2_servos。单击 Verify（校验）按钮检查是否有误，若无误，单击 Upload（上传）按钮。旗子会随着电位计转动而改变位置（见图 8.28）。

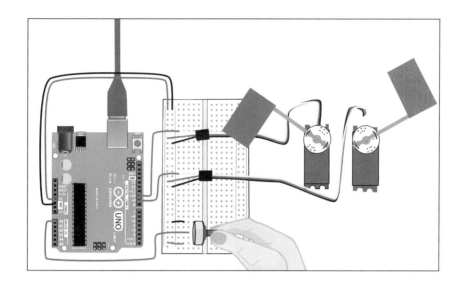

图 8.28　使两面旗子转动

问题

问：何时应当编写自定义函数？

答：当已知在某个程序中需要频繁使用同一个代码块，或发现自己不断重复着相同代码行时，编写自定义函数可有助于缩短代码并使其清晰易读。其实本可以早在第一个 SOS 程序中就使用自定义函数。实际上，也可以在循环语句中使用自定义函数。

问：如何确定使用哪一个布尔或比较运算符？

答：和本书提到的大部分编程概念一样，为了确定在程序中如何构造逻辑，最简单的办法就是以平实的语言表述试图完成的指令。例如，如果需要两个条件均为真（按下按钮 1 并点亮 LED）来进行某些动作，那么和在该程序中所做的一样，会用到 && 符号。

问：怎么判断条件语句数量是否过多？

答：你可以根据项目所需的各种行为，无限量使用条件语句。

8.12 总结

本章重点说明如何使用伺服电机。从 Sweep 程序中可以看出伺服电机易于自动运行，从 Knob 程序中则可以看出伺服电机能够由传感器或开关控制，因此伺服电机通用于许多 Arduino 项目。

本章讨论了一些重要的编程概念。你对伺服库进行了解，并通过伺服库使 Arduino 获得了一些更易于控制伺服电机的功能。

另外，本章还介绍了如何使用循环程序在不同位置设置伺服电机，同时介绍了如何在代码中使用比较、复合和布尔运算符。

第 9 章　创建自己的项目

9

既然已完成本书的项目，下一步呢？本章将简要介绍一些项目管理的技巧、项目设计想法以及简单查看一些其他 Arduino 主板及其用途的方法。

9.1 项目管理

本书已一步一步详尽介绍了如何使用 Arduino 工作。如何开始构建项目呢？第一步应该是调查。上网调查看看：本书提到的很多销售商都有自己的网站，里面有很多教程以及关于项目的一些想法。另外，在网上多搜集一些关于输出端以及输入端的信息有助于为项目构建提供充足的灵感。

项目概述

一旦你的脑海里浮现了一个关于项目的想法，尝试画出你所计划构建的项目的程序或是写出大致的方法。这和列出计划中使用的元器件以及代码中所需的行为类型一样简单。通常这能帮助你将项目分解为输入端、输出端和代码。记住，你的项目一定要是一个系统，要具有输入端、输出端和能控制在 Arduino 上运行的行为的代码（见图 9.1）。

分解项目

将项目分解为几个部分，从你知道如何做得最简单的那一步开始，这有助于完成工作。将任务分解，一步一步处理，而不是处理整个任务，这样更容易。同样，在开始工作时简化想法，有助于理解

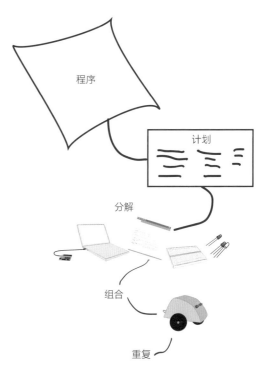

图 9.1　计划书有助于引导项目

233

该想法；在之后的版本中可以不断强化改进。项目开始构建后，如果遇到有元器件不运转怎么办呢？本书强调了调试的重要性，包括代码和电路调试（见图9.2）。要有耐心，用系统的方法检查项目的每一个部分。如果检查出是在 IDE 的代码编辑器出现了错误，准确地记录下来并输入搜索引擎。你可能会发现自己并不是第一个遇到这样问题的人。Arduino 网站上的论坛（进入 Arduino 官网 COMMUNITY–FORUM）是一个发布问题和寻找答案的好地方。也可以上 Arduino Stack Exchange 看看。

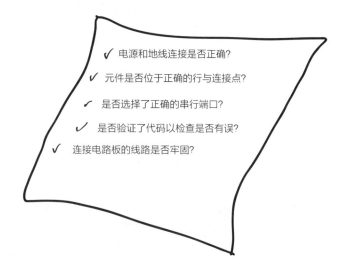

✓ 电源和地线连接是否正确？

✓ 元件是否位于正确的行与连接点？

✓ 是否选择了正确的串行端口？

✓ 是否验证了代码以检查是否有误？

✓ 连接电路板的线路是否牢固？

图 9.2　避免因项目失败而感到失望——使用调试

用户测试

一旦你的项目有成功的版本或原型，就和别人分享吧。向他们解释项目，让他们测试你的项目。当构建一个项目时，对别人如何看待或使用它做出很多假设的情况很常见，这有助于从外部的视角打破一些假设。如果可以，让各种各样的人测试项目将有助于使项目成为最好的版本，并完善你的想法。如果不确定要和谁分享，可以先从朋友和家人开始（见图9.3）。

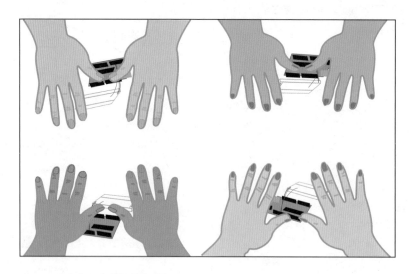

图 9.3　让其他人试用你的项目

反思和重复

既然已经完成了项目的第一步，你应该已经习惯记笔记了。项目进展顺利吗？有哪些地方还需要改进？

这些笔记有助于迭代项目，并有助于通过改进过去的错误或不正确的假设不断完善项目。

既然已经对一些项目管理技术有了基本的理解，并能应用这些技术解决问题，接下来看看 Arduino 项目的常见类型。

9.2 一些有用的组件

由于本书篇幅有限，无法介绍世界上所有的传感器和输出端，但是可以介绍一些能够完善你的项目的传感器和输出端。

传感器

以下是一些常用的传感器，这些传感器很容易安装到项目中。

感应距离和动作

被动式红外传感器（PIR，见图 9.4）和超声波测距仪（见图 9.5）可以用来测量人们或物体与项目的距离，也可以用来检查是否有人在项目前面走动。因为这两者通常输出模拟值，可以参阅第 7 章 "模拟值" 中如何使用光敏电阻的方法来使用这些传感器。

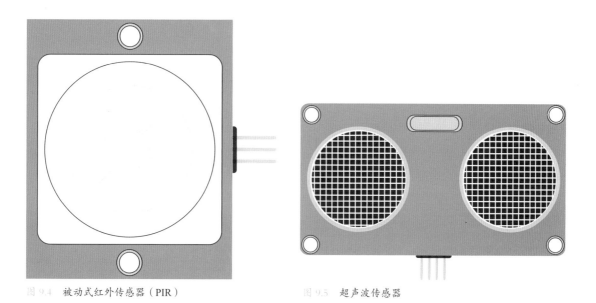

图 9.4　被动式红外传感器（PIR）　　　　图 9.5　超声波传感器

压敏电阻

压敏电阻 (FSRs) 是用于感知不同的推力或压力的传感器（见图 9.6）。因为这款电阻输出模拟信号，所以可以缩放响应以移动伺服电机，点亮不同部分，或从扬声器播放声音。FSRs 用于游戏控制器和其他手动式交互作用器。FSRs 有各种各样的灵敏度、形状（包括正方形和圆形）和大小。

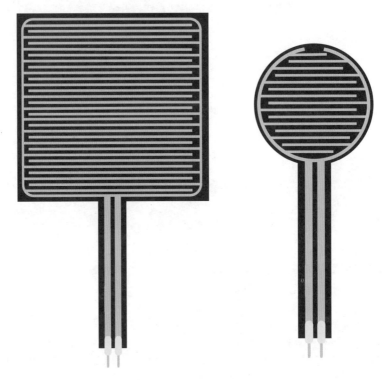

图 9.6　不同形状和大小的压敏电阻 (FSRs)

其他传感器

　　如上所述，有很多的传感器都可以帮助扩展 Arduino 项目。从温度传感器到测量音量的话筒，再到心率和脉搏监测仪，合适的传感器可以让你的项目出彩夺目。

驱动器和电机

　　本书已经展示了通过使用伺服电机来组合动作的项目，但是还有其他几种类型的驱动器（可以运转某些元件）可以以多种方式驱动项目。本书接下来会着重介绍一些流行的驱动器。

直流电机

　　直流电机有各种大小和功能，甚至可以驱动最难处理的项目（见图 9.7）。它们通常只在一个方向上不停地旋转，并且会根据所施加的电力（安全范围内）而旋转得更快或更慢。直流电机在驱动车轮、提起重物等方面都很有用。

　零基础学电子与Arduino：给编程新手的开发板入门指南（全彩图解）

图 9.7　直流电机

步进电机

步进电机（见图 9.8）是一种比基本的直流电机更可控的电机，这意味着它们需要从 Arduino 中获得更多的计算能力才能运行。步进电机并不是连续地转动，而是采用单一的"步骤"，即整体旋转。也就是说它们可以用于准确定位，并将依照命令启动和停止。尽管步进电机通常需要 H 桥集成电路芯片或步进电机驱动程序实现更复杂的操作，但它们在 Arduino 上运行得很好。

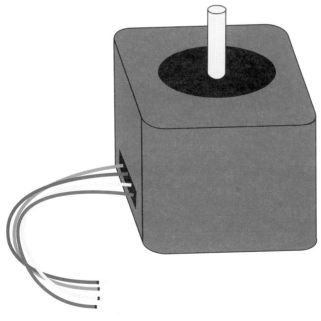

图 9.8　步进电机

螺线管

螺线管（见图9.9）与之前介绍过的其他驱动器有很大的不同。螺线管不会旋转，而是在直线上被"发射"。螺线管有一个连接在金属轴上的弹簧，根据金属轴的类型，它从中心电机中拔出或推入。螺线管经常用在敲击打击类乐器或钟形乐器上，以创造出新的声音。

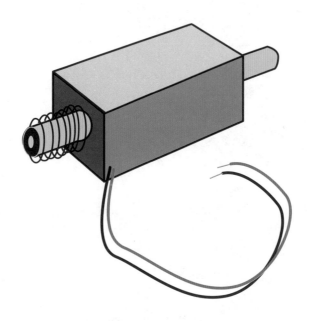

图 9.9　螺线管

9.3 项目类型

本书已经介绍了很多可以用 Arduino 构建的项目，本书还会介绍更多的项目类型，并会提供一些想法来帮助你开始构建项目。

家庭自动化

虽然市场上有很多类似产品，但也可以使用 Arduino 构建自己的家庭自动化项目。比较流行的家庭自动化项目包括开灯、打开风扇或关闭电器。

机器人

机器人一直是 Arduino 项目的热门选择。使用几个电机和传感器，就可以马上拥有一个宠物机器人。单任务机器人也是一个不错的选择，例如能把黄油切片的机器人或扫地机器人。甚至可以用纸板做成这类机器人（见图9.10）。

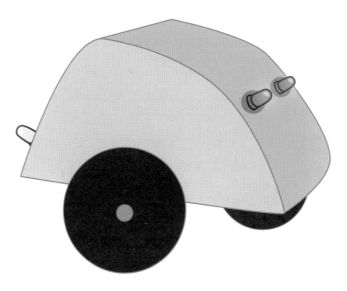

图 9.10　纸板宠物机器人

可穿戴式项目

可穿戴式项目包括各种服装、首饰，或是那些将物理计算能力与可移植性和可及性相结合的产品。可以使用传感器或在衣服上设置按键获取用户的脉搏数据。目前流行的项目包括使用手套、帽子、T 恤、首饰和传感器来播放手机音乐或点亮手机屏幕（见图 9.11）。你能想到哪些使用普通配件的项目呢？

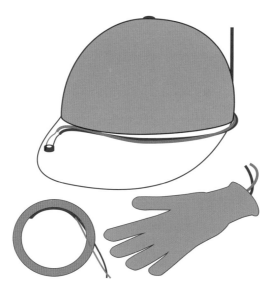

图 9.11　手环、帽子和衣服都是很受欢迎的选择

艺术项目

除了本书已经提到的这些之外，你还可以构建任何想构建的艺术项目。从自动生成绘画设备到移动式雕塑和交互式书籍，你的想象力是构建艺术项目的唯一限制。

9.4 其他版本 Arduino 开发板

Arduino 有许多功能不同的版本。简单看一些版本的主板以及它们的作用。除了这些，还有更多主板。

Arduino 101

Arduino 101（见图 9.12）是继 Uno 后的一个很好的选择，因为它和 Uno 的大小、总体布局都相同。还具有低功耗蓝牙 (BLE) 连接功能和六轴加速度计 / 陀螺仪。如果想让你的项目能识别手势，这可能是个不错的选择。更多详情可进入 Arduino 官网搜索 "Arduino 101" 进行参阅。

图 9.12　Arduino 101

 零基础学电子与Arduino：给编程新手的开发板入门指南（全彩图解）

Arduino YUN

Arduino YUN（见图 9.13）是一款半 Arduino 半 Linux 的计算机，可使用 Wi-Fi 和具有强大功能的操作系统完成复杂的计算任务。 YUN 可以运行 Python 脚本，在 Linux 方面可以分析数据，而在 Arduino 方面可以处理对该信息做出回应的输入和输出。它有一个 SD 卡插槽，内置 Wi-Fi 和以太网连接模块。更多详情可进入 Arduino 官网搜索"Arduino Yun"进行参阅。

图 9.13　Arduino YUN

Lilypad Arduino

正如"可穿戴式项目"一节所提到的，有时你会想要把 Arduino 与一件要穿的衣服搭配起来，Arduino Uno 可能有点笨拙，而 Lilypad Arduino 则非常合适，因为它不仅平坦而且不那么显眼，而且还可以用导线代替电线。这将可以把项目所需的传感器和 Arduino 直接缝到布料中。Lilypad 也有好几个版本，图 9.14 是一个 Lilypad Arduino 主板。

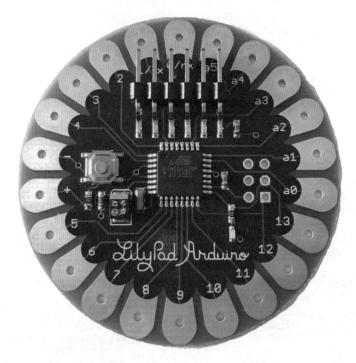

图 9.14　Lilypad Arduino 主板

其他 Arduino 主板

虽然本书篇幅有限，无法详细介绍所有 Arduino 的版本，但我们还想再多介绍几种主板。Mega 2560 有 54 个数字输入 / 输出引脚和 16 个模拟输入引脚；它适用于较大的项目。Leonardo 内置 USB 通信功能，所以可以直接插入键盘和鼠标。Micro 是 Arduino 家族中体积最小的一块主板，所以很适合嵌入项目中，像 Leonardo 一样，它也支持 USB 通信。MKR ZERO 体积较小，主要用于处理音频应用。MKR1000 有 Wi-Fi 连接功能并内置可充电的锂聚合物电池。由阿德弗利特开发的 Gemma 是另一款可穿戴式主板。

Arduino 扩展板

除了各种 Arduino 主板之外，还有各种各样品牌的和第三方的"扩展板"，它们安装在 Arduino 的顶部用于扩展其功能。这些扩展功能包括：

▧ SD 卡以支持数据保存

▧ 声音文件以支持播放录制的音频

▧ 支持电机控制及其他

你可以进入 Arduino 官网 -RESOURCES-PRODUCTS，找到一个图表，它可以链接到每个模型的详细信息、技术规范以及一些可用的扩展板。

9.5 记录下你的项目，然后和别人分享吧！

开放源码项目最大的优点之一就是可以看到其他人的成果，现在轮到你来分享你的成果了。这里有一些技巧可以区分你的项目与其他在线项目。

拍好照片

经常出现在 DIY 物理计算项目上的一个问题就是很难辨别出照片里的项目到底是什么。建议在明亮、一致的照明和简单的背景下拍摄项目照片。

如果你正计划拍摄线路的照片，记住用不同的颜色标记线路并避免过多的交叉，这点很重要。否则，你的项目就会看起来像意大利面（见图 9.15）！

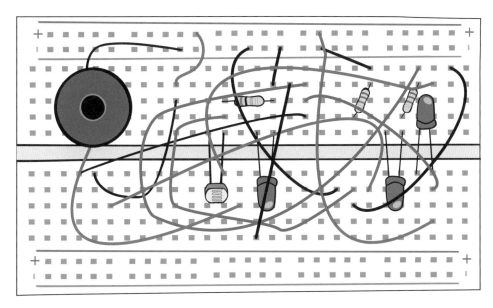

图 9.15　意大利面式线路，这不是真实的电路！

记录你的项目

如果你在代码或是某个具体概念处遇到了问题，那么下一个试图构建相同（或类似）项目的人很有可能也会遇到同样的问题。写一篇构建项目的总结或者记录下步骤，将有助于你在以后的项目中运用到你所学到的技巧，也可以帮助其他人解决问题。

分享你的项目

虽然这不是必需的，但分享你的想法对其他人很有帮助。诸如 Maker Share 和 Instructables 这类的网站可以发布你的项目，每一个步骤都可上传发布。这就是 Arduino 开源最强大的部分之一：知识是无偿共享的。

9.6 总结

本书就到此结束了。在之前的章节中，本书详尽介绍了电子元器件基本理论、实践以及编程概念。本章我们对如何进一步构建个人项目给出了一些建议。现在，你已经可以开始构建个人的 Arduino 项目了。

附录 A   读取电阻阻值

如果你刚买了一个电阻，它一般都带有某种标签，但是如果你不将电阻放在桌子上或在元器件盒中，那么这些标签就没什么用了。幸运的是，每个电阻都在外壳上印有一组色环，这组色环表明了电阻的阻值。电阻的色环个数可以是 6 个、3 个，甚至只有 1 个，但到目前为止最常见的电阻有 4 个色环，我们将在附录中看到这种类型的电阻。

通过色环识别电阻

让我们进一步看一下图 A.1 中的电阻。该电阻有两根导线以及一个带有色环的主体。

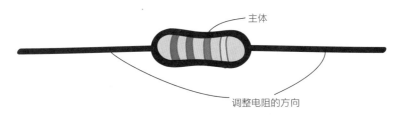

图 A.1   电阻

调整电阻的方向

不仅色环的颜色很重要，而且颜色的排列顺序也很重要。如何知道每种颜色意味着什么？第一步是将电阻放置到正确的方向，如图 A.2 所示。在电阻的一侧，色环颜色为银或金。这个色环应该放在电阻的右边。

图 A.2   放置你的电阻

当电阻的放置方向准确无误时，你就可以在电阻主体上识别其他的色环了。图 A.3 中按照顺序标记色环。每个色环的颜色都有特殊意义。

图 A.3　电阻上的色环编号

电阻色环表

图 A.4 是所有电阻的标准色环图。可以在网络上找到类似的图表。我们将详细讨论每个色环的含义。所有电阻的颜色含义是一样的。

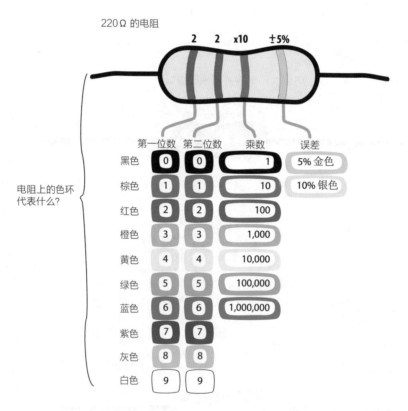

图 A.4　电阻色环对照表

零基础学电子与Arduino：给编程新手的开发板入门指南（全彩图解）

解码电阻

既然已经看到了色环对照表，我们将告诉你如何把它应用到电阻上。

第一个色环表示第一位数字。例如，在图 A.5 中的电阻，第一个色环是红色的。对照一下色环对照表，你会看到红色对应数值 2。

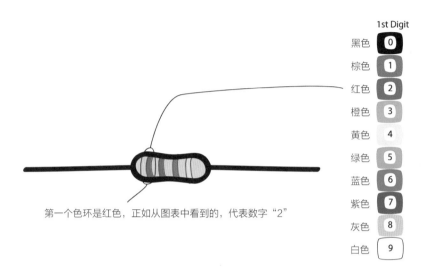

第一个色环是红色，正如从图表中看到的，代表数字"2"

图 A.5　第一个色环

第二个色环表示第二位数字。在这个电阻中，第二个色环也是红色的。如图 A.6 所示，也代表数值 2。

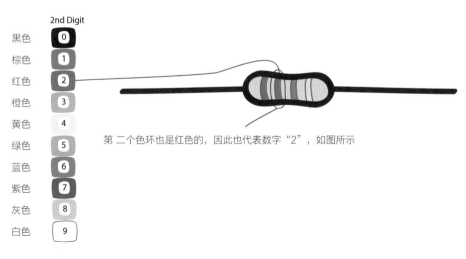

第二个色环也是红色的，因此也代表数字"2"，如图所示

图 A.6　第二个色环

将前两个色环组合到一起，得到的是数字 22。电阻中的前两个色环总是代表 10 ～ 99 之间的一个两位

数（稍后我们将解释这些数字代表什么）。第三位数字略有不同。

第三色环，如图 A.7 所示，有另外的意义。不像前两个色环代表数字，第三个色环代表乘数。可以在图 A.4 的第三行看到这个乘数。这个电阻中，色环是棕色的，色环对照表告诉我们它的数值是 10。现在知道了这 3 个数值，就可以使用如图 A.8 所示的简单公式计算电阻的总电阻：前两个数字乘以乘数等于电阻值（欧姆）。

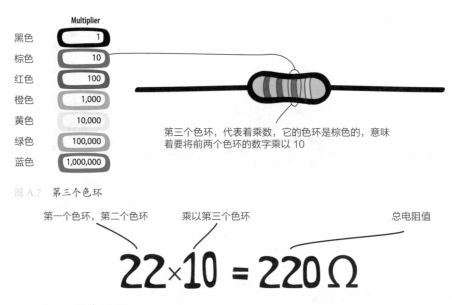

图 A.7　第三个色环

$$22 \times 10 = 220\,\Omega$$

图 A.8　计算电阻值

这意味着红 - 红 - 棕色色环的电阻阻值为 220 Ω。事实上，所有红 - 红 - 棕电阻的阻值都为 220 Ω。

电阻的第四个色环，见图 A.9，代表着电阻误差或者可能的精度范围。金色环的精度范围是 ±5%，这意味着电阻的阻值范围最高为 231 Ω（220 乘以 1.05），以及最低为 209 Ω（220 乘以 0.95）（这种变化是由于电阻在制造过程中的缺陷造成的）。

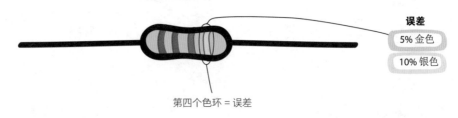

图 A.9　第四个色环

由于第四个色环总是金色或银色，这些不是任何其他色环使用的颜色，所以可以依据第四个色环正确地放置电阻的位置。

问题

问：色环的颜色是普遍的吗？要记住每种颜色意味着什么吗？

答：不区分制造商的情况下，所有电阻使用相同的标准颜色，我们在本章讨论过。你不必记住它们，可以很容易地在网上找到颜色对照信息。

问：如果色环很难看到，或者被涂上或擦掉了怎么办？

答：如果你的电阻缺少色环，可以用万用表来确认电阻值。

问：电阻需要精确到什么程度？

答：好问题。业余电子学和电子元器件对电阻的微小变化不敏感。209Ω 和 231Ω 之间的差异不足以引起 LED 的任何问题。然而，使用一个具有高频率（2 倍或更多）或低频率（一半或更少）的电阻就会产生问题。

注意 虽然四个色环的电阻很常见，但有些电阻含有不同的色环数量。前三个色环的颜色与之前的表示是一样的，但误差值计算不同。

分析另一个电阻上的色环

看看另一个电阻，并分析它的色环来计算它的总电阻值。图 A.10 中的电阻有棕色、黑色、橙色和金色色环。

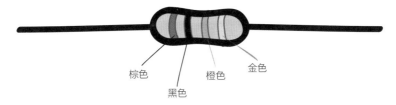

图 A.10　带色环标识的电阻

第一步是正确地放置电阻。要做到这一点，确保金色色环在右手边（见图 A.11）。

图 A.11　放置电阻

再看一下色环对照表

回到图 A.4 参考色环对照表。每当你需要计算电阻值时都可以参考这个表。

读取色环

第一个色环是棕色的，所以可以看色环对照表，知道第一个数字是 1（见图 A.12）。

第一个色环：棕色 =1

图 A.12　第一个色环

下一个电阻色环是黑色，这使得第二位数字是 0（见图 A.13)。

第二个色环：黑色 =0

图 A.13　第二个色环

第三色环是橙色，表明乘数的值为 1000（见图 A.14)。

第三个色环：橙色 =1 000

图 A.14　第三个色环

这代表电阻是 10000Ω，或更常见的 10kΩ（见图 A.15）。

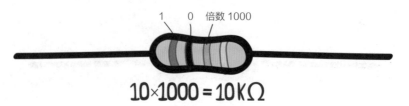

1　　0　倍数 1000

$$10×1000 = 10K\Omega$$

图 A.15　计算 10kΩ 电阻使用的色环

零基础学电子与Arduino：给编程新手的开发板入门指南（全彩图解）